1

18 + 7 = 25 | 45 + 32 = 77 | 74 + 28 = 92
38 + 5 = 33 | 29 + 43 = 72 | 35 + 32 = 67
6 + 25 = 31 | 56 + 18 = 74 | 25 + 37 = 52

2

42 − 7 = 35 | 85 − 6 = 79 | 74 − 42 = 38
94 − 6 = 88 | 91 − 5 = 84 | 65 − 43 = 27
71 − 5 = 66 | 46 − 8 = 38 | 0 − 22 = 22
63 − 8 = ~~55~~ 49 | 44 − 9 = 35 | 33 − 66 = 33

3 Hier kannst du Rechenvorteile nutzen.

a) 24 + 17 + 3 = 15 | 31 + 7 + 19 = 58
44 + 9 + 11 = 64 | 8 + 64 + 22 = 84
66 + 24 + 6 = 96 | 7 + 79 + 13 = 99

b) 52 − 9 − 11 = ~~32~~ 28 | 84 − 17 − 4 = 71
59 − 6 − 33 = 5 | 88 − 43 − 7 = 38
71 − 2 − 38 = 31 | 93 − 31 − 9 = 48

4 Bilde Aufgabenfamilien.

35 8 27

32 51 19

(1)

Summand	40	17	36	39		
Summand	30	24			29	54
Summe			75	84	66	93

Minuend	80	100	44	93		57
Subtrahend	60				14	39
Differenz		30	20	53	48	

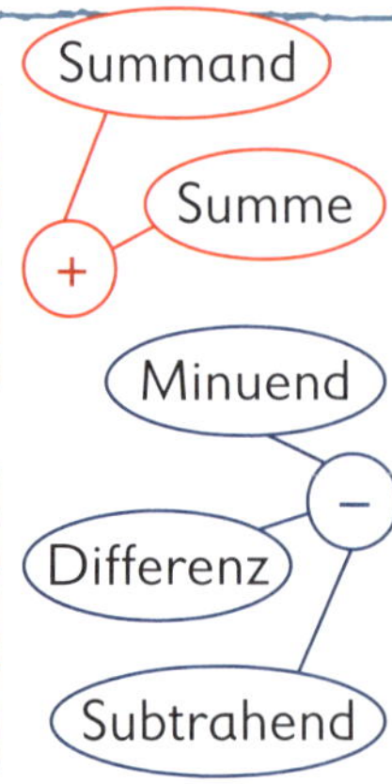

(2) Setze das passende Rechenzeichen ein: + oder –.

70 ◯ 20 = 90 | 18 ◯ 9 = 27 | 23 ◯ 28 = 51
80 ◯ 40 = 40 | 53 ◯ 7 = 46 | 64 ◯ 38 = 26
95 ◯ 75 = 20 | 99 ◯ 9 = 90 | 88 ◯ 66 = 22

(3) 72 —+ 19→ ☐☐ | 93 —– 57→ ☐☐ | 95 —– 38→ ☐☐

67 —◯☐☐→ 100 | 72 —◯☐☐→ 35 | 84 —◯☐☐→ 29

60 —– 33→ ☐☐ —+ 53→ ☐☐ —– 44→ ☐☐ —◯☐☐→ 100

4 Setze das richtige Zeichen: < = >.

45 + 6 ◯ 50 | 47 ◯ 18 + 28 | 25 + 9 ◯ 18 + 16
72 – 9 ◯ 61 | 94 ◯ 77 + 17 | 58 + 13 ◯ 91 – 27
91 – 8 ◯ 85 | 88 ◯ 52 + 26 | 63 – 36 ◯ 55 – 17

1 und 3: Addieren und Subtrahieren; Wiederholen der Fachbegriffe
2: Rechenzeichen einsetzen 4: Vergleichen

1

6 · 4 = ___	9 · 4 = ___	7 · ___ = 28	___ · 9 = 63
6 · 8 = ___	3 · 4 = ___	5 · ___ = 35	___ · 7 = 28
4 · 7 = ___	8 · 6 = ___	8 · ___ = 32	___ · 9 = 36
9 · 6 = ___	6 · 5 = ___	9 · ___ = 27	___ · 4 = 28

2

18 : 9 = ___	50 : 5 = ___	49 : ___ = 7
24 : 3 = ___	90 : 9 = ___	42 : ___ = 6
32 : 8 = ___	40 : 4 = ___	___ : 9 = 9
54 : 6 = ___	70 : 7 = ___	___ : 5 = 8

3

· 8

7	
	32
8	
	48
10	

· 6

	30
9	
	36
0	
	48

: 7

35	
	9
0	
	3
28	

: 4

	7
36	
	4
0	
	10

4

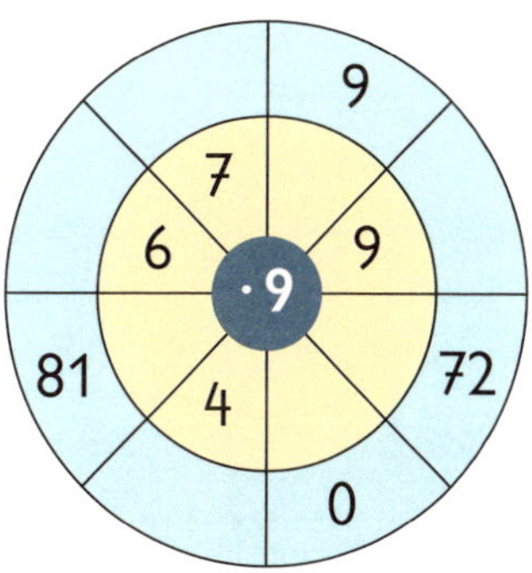

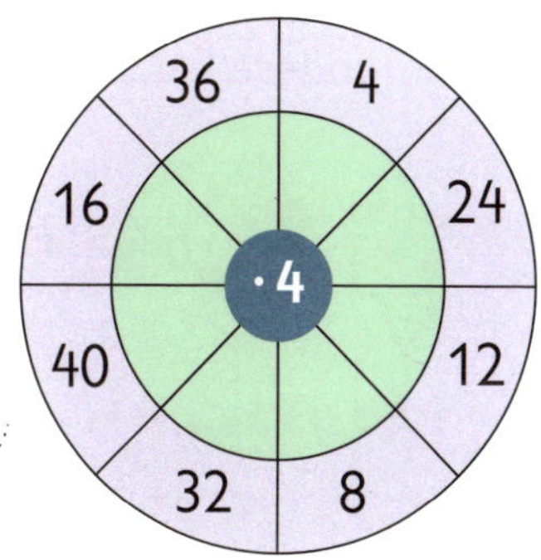

1: Produkt/Faktor berechnen 2: Quotienten/Dividenden/Divisor berechnen
3 und 4: Multiplikations- und Divisionsaufgaben vervollständigen

①

18 = 3 · __	24 = __ · 8	49 = 7 · __	25 = __ · 5
32 = 4 · __	45 = __ · 5	24 = 3 · __	42 = 7 · __
56 = 7 · __	81 = __ · 9	27 = 9 · __	64 = __ · 8
63 = 9 · __	36 = __ · 4	32 = 8 · __	18 = 3 · __

② Finde passende Faktoren.

__ · __ = 45	__ · __ = 27	56 = __ · __
__ · __ = 36	__ · __ = 81	28 = __ · __
__ · __ = 49	__ · __ = 30	40 = __ · __

3 5 $\xrightarrow{\cdot 7}$ __ __ $\xrightarrow{:5}$ __ $\xrightarrow{\cdot 9}$ __ __ $\xrightarrow{:7}$ __ $\xrightarrow{\cdot 6}$ __ __

4 Schreibe die Aufgabe auf und löse sie.

a) Ein Faktor ist 4, der andere Faktor ist doppelt so groß. __ ○ __ = __ __

b) Ein Faktor ist 6, der andere Faktor ist halb so groß. __ ○ __ = __ __

c) Ein Faktor ist das Dreifache von 3, der andere Faktor ist das Fünffache von 2. __ ○ __ __ = __ __

d) Ein Faktor ist die Hälfte von 18, der andere Faktor ist das Doppelte von 5. __ ○ __ __ = __ __

⑤

·	7	0	4	9	5
7					
4					
					40

:	6	4	1	2
24				
36				
				36

1: Produkte/Faktoren berechnen 2: Passende Aufgaben finden 3: Rechenkette lösen
4: Aufgaben finden und lösen 5: Multiplizieren und Dividieren

① Bilde Aufgabenfamilien.

9 **3** **27**

	9	·	3	=			
	3	·		=			
2	7	:	9	=			
2	7	:		=			

6 **8** **48**

2 Ergänze die fehlende Zahl. Bilde dann die Aufgabenfamilie.

7 **4** ◯

35 **7** ◯

③

9 € · 8 = ___ €	49 m : 7 = ___ m	36 € : 6 = ___ €
4 € · 7 = ___ €	6 m : 6 = ___ m	4 € · 2 = ___ €
7 € · 5 = ___ €	24 m : 4 = ___ m	28 € : 7 = ___ €

4

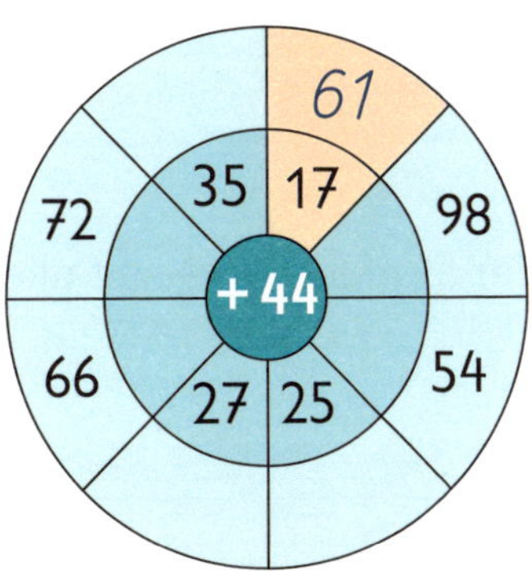

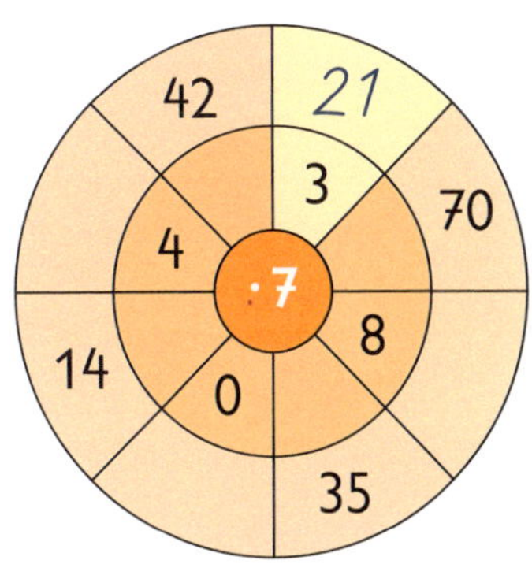

1 und 2: Aufgabenfamilien finden 3: Multiplizieren/Dividieren mit Größen
4: Additions- und Multiplikationsaufgaben vervollständigen

Dividieren mit Rest

① 32 : 6 = 5 Rest 2, denn $5 \cdot 6 = 30,\ 30 + 2 = 32$

44 : 8 = ___ Rest ___, denn ______

55 : 7 = ___ Rest ___, denn ______

28 : 5 = ___ Rest ___, denn ______

37 : 9 = ___ Rest ___, denn ______

② 25 : 3 = ___ Rest ___

19 : 2 = ___ Rest ___

48 : 5 = ___ Rest ___

57 : 6 = ___ Rest ___

83 : 9 = ___ Rest ___

33 : 4 = ___ Rest ___

32 : 9 = ___ Rest ___

37 : 8 = ___ Rest ___

3 ___ : 2 = 6 Rest 1

___ : 5 = 6 Rest 3

___ : 6 = 7 Rest 2

29 : ___ = 7 Rest 1

18 : ___ = 3 Rest 3

38 : ___ = 6 Rest 2

4 Zum Staffellauf haben sich 28 Kinder gemeldet.
Die Sportlehrerin bildet die Staffeln mit je 6 Kindern.

a) Wie viele Kinder können nicht mitlaufen?

Aufgabe: ______

Antwort: ______

b) Wie viele Kinder müssten in jeder Staffel sein, damit alle Kinder teilnehmen könnten?

Aufgabe: ______

Antwort: ______

1: Dividieren mit Rest, Ergebnis begründen 2: Dividieren mit Rest 3: Dividenden/Divisor bestimmen
4: Inhalt erfassen, Aufgabe bilden und lösen, im Satz antworten (bei b verschiedene Lösungen möglich)

1

50 $\xrightarrow{+17}$ __ $\xrightarrow{+13}$ __ $\xrightarrow{-17}$ __ $\xrightarrow{+27}$ __ $\xrightarrow{-33}$ __

60 $\xrightarrow{-8}$ __ $\xrightarrow{+18}$ __ $\xrightarrow{-40}$ __ $\xrightarrow{+65}$ __ $\xrightarrow{+4}$ __

2 Schreibe die Aufgabe auf und löse sie.

a) Der eine Summand ist 18.
Der andere Summand ist nur halb so groß. __ ○ __ = __

b) Ein Summand ist 25.
Der andere Summand ist doppelt so groß. __ ○ __ = __

c) Ein Summand ist um 12 größer als 28. Der andere Summand ist um 32 kleiner als 80. __ ○ __ = __

3

70 $\xrightarrow{:10}$ __ $\xrightarrow{\cdot 8}$ __ $\xrightarrow{:7}$ __ $\xrightarrow{\cdot 6}$ __ $\xrightarrow{-9}$ __

90 $\xrightarrow{-45}$ __ $\xrightarrow{:5}$ __ $\xrightarrow{\cdot 6}$ __ $\xrightarrow{-18}$ __ $\xrightarrow{:4}$ __

__ $\xrightarrow{:5}$ __ $\xrightarrow{\cdot 7}$ __ $\xrightarrow{-21}$ __ $\xrightarrow{\cdot 2}$ __ $\xrightarrow{+6}$ 20

4

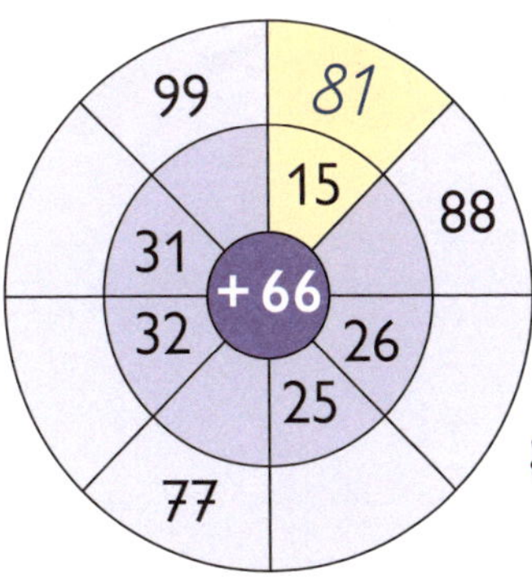

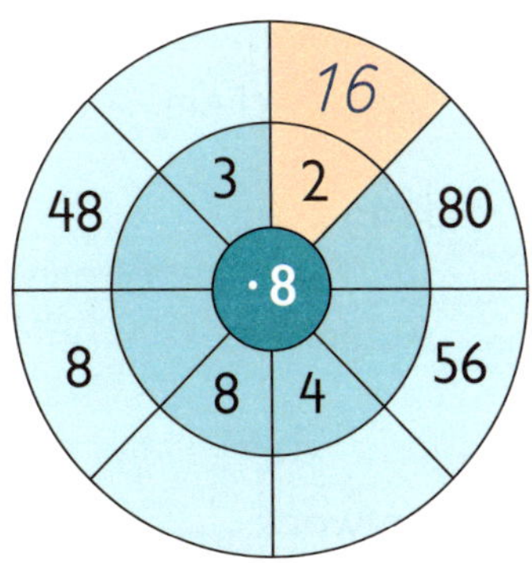

Sachaufgaben – Schrittfolge zum Lösen

(1) Am Schwimmkurs für Anfänger nehmen 37 Jungen und 46 Mädchen teil.

Frage: ______________________

Aufgabe:

Antwort: ______________________

2 An den Schwimmmeisterschaften der Schule nahmen im vorigen Jahr 9 Mannschaften mit je 8 Kindern teil. Dieses Jahr sind es 16 Kinder mehr.

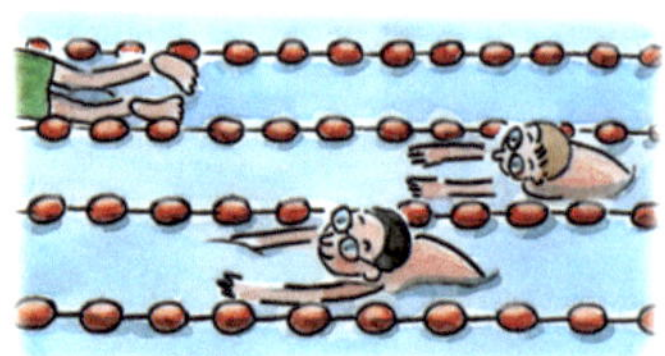

Frage: ______________________

Aufgaben:

Antwort: ______________________

3 Anna hat sich den Badeanzug, den Bademantel und die Sporttasche ausgesucht. Ihre Mutter bezahlt mit einem 100-€-Schein.

Frage: ______________________

Aufgaben:

Antwort: ______________________

1 bis 3: Inhalt erfassen, Frage formulieren, Aufgabe finden und lösen, im Satz antworten

1 Schreibe die passende Hunderterzahl dazu.

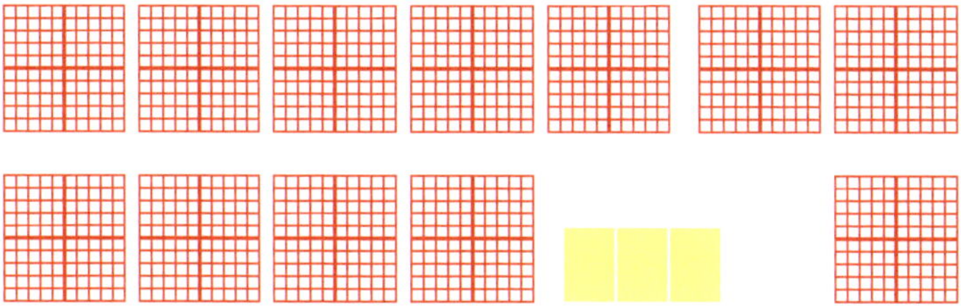

2

3 a) Schreibe das Zahlwort zur Zahl. b) Schreibe als Zahl.

300	______________	neunhundert	
700	______________	vierhundert	
500	______________	sechshundert	
800	______________	hundert	

4 Setze das richtige Zeichen: < oder >.

400 ◯ 700 900 ◯ 800 900 ◯ 1 000 600 ◯ 700

5 Schreibe alle Hunderterzahlen auf, die zwischen den Zahlen liegen.

zwischen 300 und 900: ______________

zwischen 100 und 600: ______________

zwischen 400 und 1 000: ______________

1: Hunderterzahl erfassen und zuordnen 2: Zahlen eintragen 3: Zahlwort bzw. Zahl finden
4: Vergleichen 5: Hunderterzahlen in den gegebenen Grenzen angeben

Die Zehnerzahlen

① a)

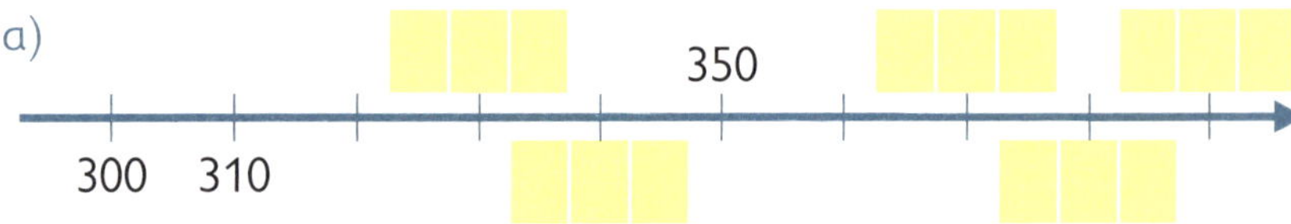

b)

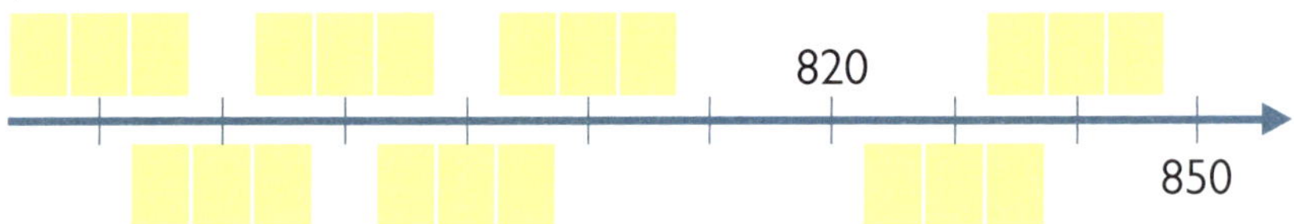

② Schreibe alle Zehnerzahlen auf, die zwischen den Zahlen liegen.

zwischen 380 und 450: ____________________

zwischen 690 und 760: ____________________

zwischen 930 und 1 000: ____________________

③ Schreibe das Zahlwort zur Zahl.

240 ____________________

880 ____________________

④ Setze das richtige Zeichen: < oder >.

440 ◯ 340	890 ◯ 980	760 ◯ 670	490 ◯ 510
590 ◯ 600	210 ◯ 90	65 ◯ 610	270 ◯ 240

⑤

Nachbarzehner			690	750		
Zehnerzahl	370	500				
Nachbarzehner					810	1 000

1: Zahlen eintragen 2: Zehnerzahlen in den gegebenen Grenzen angeben
3: Zahlwort schreiben 4: Vergleichen 5: Nachbarzehner bzw. Ausgangszehnerzahl finden

1 Welche Zahlen sind hier dargestellt?

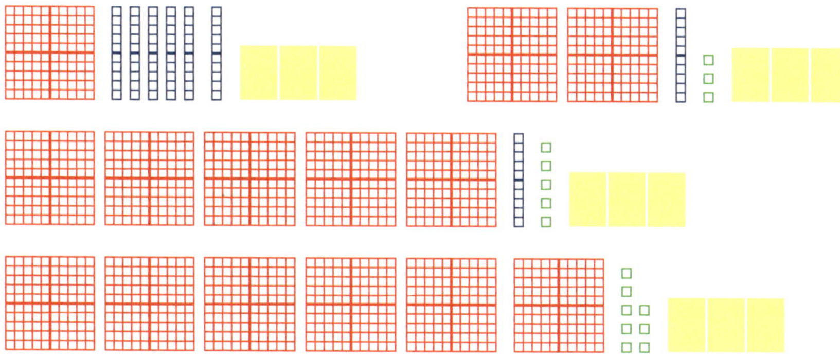

2 Zerlege die Zahlen in Hunderter (H), Zehner (Z), Einer (E).

478 = 4 H + 7 Z + 8 E   405 = ________

777 = ________   909 = ________

385 = ________   740 = ________

3 Bilde aus den Ziffern so viele dreistellige Zahlen wie möglich.

(7) (3) (9) ________

(5) (2) (1) ________

4 Schreibe als Zahl.

vierhundertachtundsechzig

siebenhundertneun

neunhundertzwölf

einhundertzweiunddreißig

5

Vorgänger	Zahl	Nachfolger
	367	
	671	
	750	
499		
		602

1: Zahlen zuordnen 2: Zahlen zerlegen 3: Alle (jeweils 6) dreistelligen Zahlen finden
4: Zahl finden 5: Vorgänger und Nachfolger bzw. auch Ausgangszahl finden

Vergleichen und Ordnen der Zahlen bis 1000

(1) Setze das richtige Zeichen: < = >.

744		844	208		280	577		499	876		867
652		642	427		430	199		201	999		1 000
973		975	720		706	208		188	500		499
666		710	915		98	666		722	804		76

[2] Schreibe auf.

a) die kleinste zweistellige Zahl

b) alle dreistelligen Zahlen, die drei gleiche Ziffern haben

c) die dreistellige Zahl, die als Vorgänger eine zweistellige Zahl hat

Zahl Vorgänger

d) die dreistellige Zahl, die keinen dreistelligen Nachfolger hat

(3) Ordne die Zahlen. Beginne mit der kleinsten Zahl.

209 972 804 78 709 101 660 66 400

(4) Schreibe alle Zahlen auf, die zwischen diesen Zahlen liegen.

zwischen 700 und 705:

zwischen 597 und 601:

zwischen 996 und 1 000:

1: Vergleichen 2: Zahlen nach Eigenschaften bestimmen
3: Ordnen nach Vorschrift 4: Zahlen in den gegebenen Grenzen finden

Geldwerte bis 1000 Euro – Kommaschreibweise

1 Wie viel Euro sind es?

a) 

________ €

b) 

________ €

c) 

________ €

2 Wie viel Euro und wie viel Cent sind es?

7,45 € = ☐ € ☐☐ ct
1,09 € = ☐ € ☐☐ ct
5,70 € = ☐ € ☐☐ ct
0,05 € = ☐ € ☐☐ ct

752,39 € = ☐☐☐ € ☐☐ ct
640,08 € = ☐☐☐ € ☐☐ ct
407,50 € = ☐☐☐ € ☐☐ ct
200,99 € = ☐☐☐ € ☐☐ ct

3 Schreibe mit Komma.

9 € 27 ct = ☐☐,☐☐ €
68 € 40 ct = ☐☐,☐☐ €
80 € 8 ct = ☐☐,☐☐ €
92 ct = ☐☐,☐☐ €

359 € 54 ct = ________ €
740 € 20 ct = ________ €
300 € 5 ct = ________ €
909 € 90 ct = ________ €

4 Setze das richtige Zeichen: < = >.

293 ct ◯ 3 €
400 ct ◯ 4 €
740 ct ◯ 7 €

25 € 7 ct ◯ 25,70 €
250 € 80 ct ◯ 250,80 €
9,03 € ◯ 930 ct

1: Geldbeträge bestimmen 2: Geldbeträge in Euro und Cent angeben
3: Geldbeträge in Kommaschreibweise angeben 4: Geldbeträge vergleichen

Strecken und Punkte

1 a) Zeichne die Strecken $\overline{AB}$ = 45 mm und $\overline{BC}$ = 5 cm 4 mm.

b) – Zeichne einen Punkt G, der nicht auf $\overline{AB}$ liegt.
– Zeichne einen Punkt D, der zwischen A und B liegt.
– Zeichne einen Punkt E, der genau in der Mitte zwischen B und C liegt.

2 Miss die Längen der Teilstrecken. Gib die Längen in zwei Schreibweisen an.

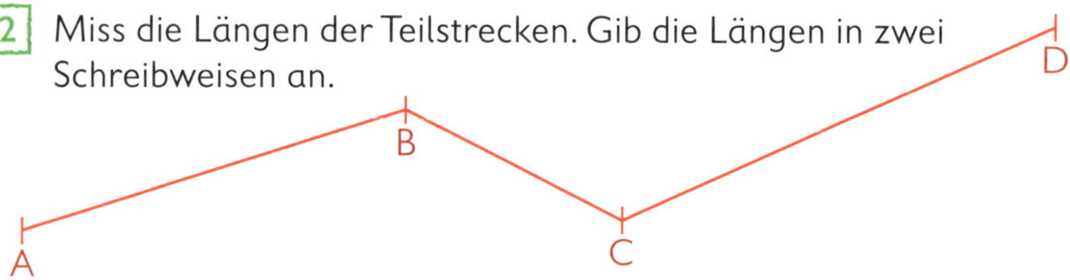

$\overline{AB}$ = ___ mm	$\overline{BC}$ = ___ mm	$\overline{CD}$ = ___ mm
$\overline{AB}$ = ___ cm ___ mm	$\overline{BC}$ = ___ cm ___ mm	$\overline{CD}$ = ___ cm ___ mm

3 Verbinde die Punkte
zu einem Quadrat, zu einem Dreieck, zu einem Viereck.

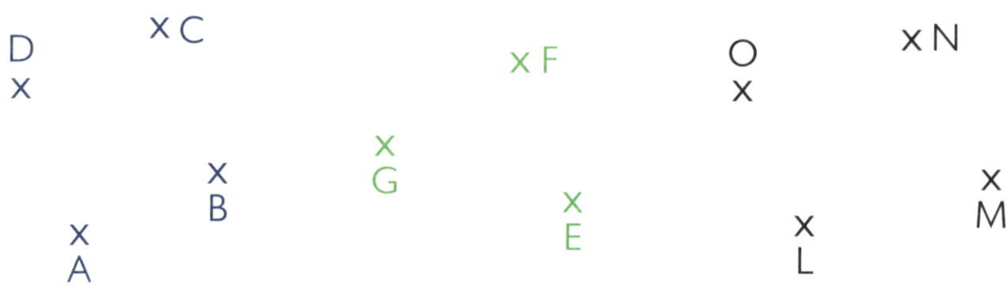

1: Strecken und Punkte nach Vorgabe zeichnen
2: Strecken messen, Längen in verschiedenen Schreibweisen angeben 3 : Figuren zeichnen

Strecken, die zueinander parallel sind

1 a) Zeichne zu $\overline{AB}$ eine parallele Strecke $\overline{CD}$, die 25 mm kürzer ist als $\overline{AB}$.

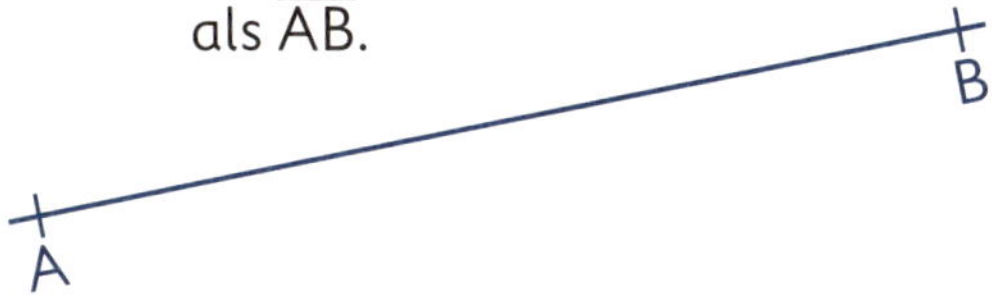

$\overline{CD}$ = _____ mm

b) Zeichne zu $\overline{MN}$ eine parallele Strecke $\overline{OP}$, die doppelt so lang ist wie $\overline{MN}$.

$\overline{OP}$ = _____ mm

c) Zeichne zu $\overline{EF}$ eine parallele Strecke $\overline{GH}$, die dreimal so lang ist wie $\overline{EF}$.

2 Zeichne zu $\overline{CD}$ zwei parallele Strecken $\overline{EF}$ = 2,5 cm und $\overline{GH}$ = 5 cm.

3 Überprüfe mit dem Geodreieck.

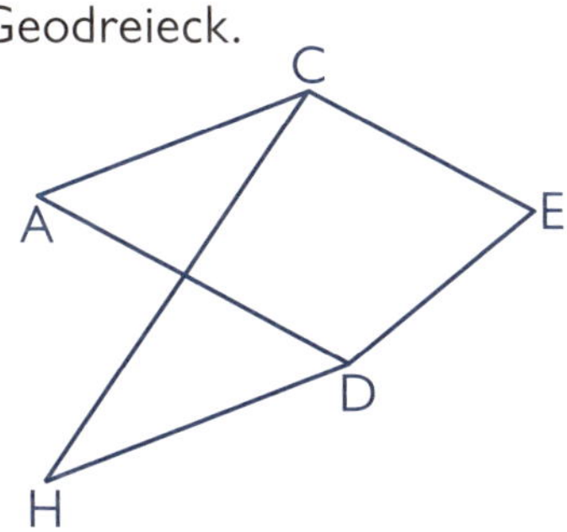

$\overline{AC}$ ist parallel zu _______.

$\overline{CE}$ ist parallel zu _______.

4 Zeichne das Muster weiter.

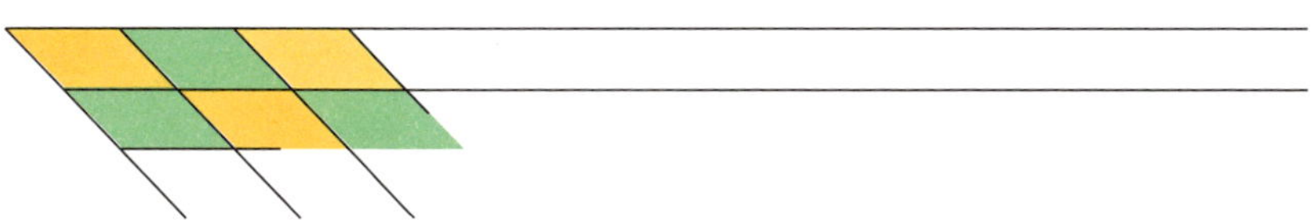

Strecken, die zueinander senkrecht sind

(1) Welche Strecken sind senkrecht zueinander?

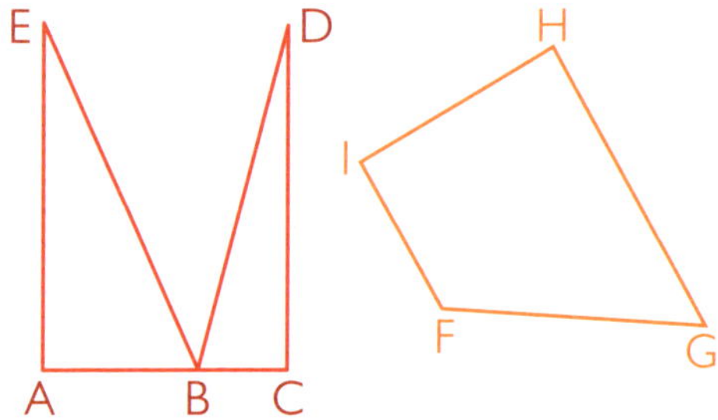

_____ ist senkrecht zu _____.

_____ ist senkrecht zu _____.

_____ ist senkrecht zu _____.

_____ ist senkrecht zu _____.

2 a) Zeichne zur Strecke $\overline{AB}$ = 45 mm eine senkrechte Strecke $\overline{CD}$ = 30 mm.

b) Zeichne zur Strecke $\overline{EF}$ = 3,2 cm zwei senkrechte Strecken $\overline{GH}$ = 3 cm und $\overline{IJ}$ = 4 cm.

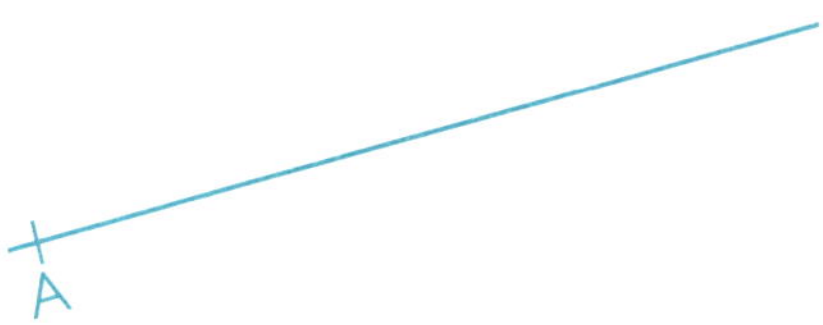

(3) Am Quader gibt es Kanten, die zueinander senkrecht sind, und es gibt Kanten, die zueinander parallel sind. Trage drei Beispiele in die Tabelle ein.

zueinander senkrecht	zueinander parallel
_____ und _____	_____ und _____
_____ und _____	_____ und _____
_____ und _____	_____ und _____

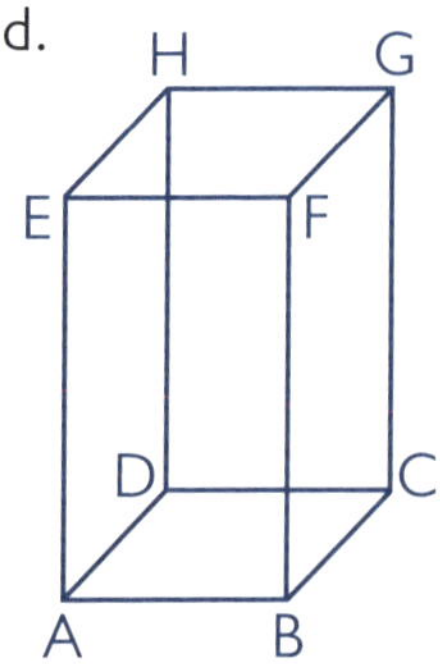

1: Senkrechte Strecken benennen 2: Zeichnen von Strecken nach Vorgabe
3: Senkrechte/Parallele Strecken identifizieren

Addieren und Subtrahieren mit Hunderterzahlen

(1)

400 + 200 = ___

200 + 700 = ___

300 + 600 = ___

100 + 800 = ___

500 − 400 = ___

700 − 600 = ___

900 − 600 = ___

400 − 400 = ___

[2] a) Berechne die Summe aus 700 und 200.
___ ○ ___ = ___

b) Berechne die Differenz aus 700 und 200.
___ ○ ___ = ___

c) Der Minuend ist 800 und der Subtrahend 400. Berechne die Differenz.
___ ○ ___ = ___

(3)

325 + 300 = ___

720 + 200 = ___

940 − 600 = ___

550 − 200 = ___

___ + 600 = 991

___ + 456 = 856

990 − ___ = 290

729 − ___ = 329

[4]

+	200	300	
218			
582			
484			584

−	300		400
633			
777		277	
928			

[5] Ergänze das Rechenzeichen und die Zahl: + oder −.

433 ○ ___ = 733

836 ○ ___ = 436

208 ○ ___ = 608

400 ○ ___ = 724

1 und 3: Addieren und Subtrahieren 2: Aufgaben finden und lösen
4 Rechnen in Tabellen 5: Rechenzeichen finden und Addieren/Subtrahieren

Addieren und Subtrahieren von Zehnerzahlen

1

170 + 20 = ___
320 + 70 = ___
537 + 40 = ___
712 + 80 = ___

435 − 20 = ___
890 − 40 = ___
798 − 80 = ___
666 − 50 = ___

2

Summe	876	583		
Summand		543	40	611
Summand	816		426	80

Differenz	446	557	840	
Minuend	486		860	686
Subtrahend		30		50

3

448	
418	
	40
	20
438	
448	

4

556 € − 40 € = ___ €
235 € + 50 € = ___ €

___ m − 70 m = 707 m
___ m + 60 m = 666 m

782 € − ___ € = 742 €
918 € + ___ € = 988 €

595 m − ___ m = 555 m
723 m + ___ m = 783 m

5 Bei den Filmtagen in Halle sahen sich 984 Kinder die neuen Kinderfilme an. Das waren 60 Kinder mehr als im Vorjahr. Wie viele Kinder besuchten im Vorjahr die Kinderfilmtage?

Aufgabe: ___

Antwort: ___

1

190 + 30 = ___

280 + 70 = ___

510 − 40 = ___

610 − 50 = ___

840 + ___ = 910

___ + 60 = 330

930 − ___ = 850

___ − 90 = 520

2

870 + ___ = 910

860 + ___ = 910

880 + ___ = 910

850 + ___ = 910

___ − 50 = 780

840 − ___ = 780

___ − 40 = 780

860 − ___ = 780

3

Rechenmauer 1:

	___	
___	840	
40	___	780

Rechenmauer 2:

	1 000	
920	___	
___	40	___

4 Ordne die Ergebnisse. Beginne mit dem größten Ergebnis.

870 + 50   340 + 90   440 − 80   410 − 40

____

5 Für den Schulgarten wird ein neuer Zaun mit einer Gesamtlänge von 840 m gebaut. Bisher wurden 760 m fertiggestellt.

Frage: ______________________________

Aufgabe: ______________________________

Antwort: ______________________________

1 und 2: Addieren/Subtrahieren von Zehnerzahlen   3: Rechenmauern lösen   4: Rechnen und Ergebnisse nach Vorschrift ordnen   5: Inhalt erfassen, Frage stellen, Aufgabe bilden und lösen, antworten

1

327 + 5 = ___

956 + 8 = ___

380 − 3 = ___

776 − 8 = ___

489 + ___ = 496

781 − ___ = 774

___ − 7 = 247

___ + 9 = 444

2

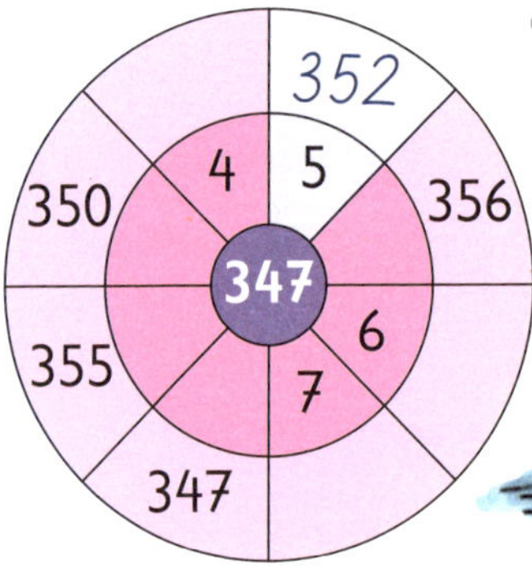

3

+	8	5	7
349			
		312	

−	4	5	6
611			
		612	

4

398 —(− ___)→ 389 —(+ ___)→ 395 —(+ ___)→ 403 —(+ ___)→ 412 —(+ ___)↓ 421

421 —(− ___)→ 415 —(− ___)→ 407 —(+ ___)→ 411 —(− ___)→ 406

5

a) Von 888 subtrahiere ich den Vorgänger von 10. ___ ◯ ___ = ___

b) Zu 888 addiere ich das Doppelte von 4. ___ ◯ ___ = ___

c) Von 888 subtrahiere ich das Dreifache von 2. ___ ◯ ___ = ___

1 bis 4: Addieren und Subtrahieren 5: Aufgaben finden und lösen

1

582 + 12 =
345 + 24 =
434 + 43 =
771 + 25 =
448 + 12 =

343 + 28 =
582 + 18 =
716 + 46 =
666 + 27 =
336 + 38 =

2

445 − 33 =
669 − 44 =
387 − 76 =
264 − 22 =

652 − 28 =
581 − 45 =
293 − 66 =
783 − 36 =

3 Das Kinderland „Sport und Spiel“ zählte am Sonnabend 564 Besucher. Das waren 47 mehr als am Freitag und 58 weniger als am Sonntag. Wie viele Besucher waren am Freitag dort, wie viele am Sonntag?

Aufgaben:

Antworten: ______________________________

____

4

7	28	314

82		
37		66

1 und 2: Addieren/Subtrahieren ohne Hunderterübergang
3: Inhalt erfassen, Aufgaben finden und lösen, im Satz antworten 4: Rechenmauern lösen

1

528 + 49 = ___

816 + 66 = ___

422 + 38 = ___

308 + 57 = ___

263 + ___ = 291

528 + ___ = 556

___ + 48 = 373

___ + 45 = 483

2 Ergänze die Zahlenkette. Addiere immer 7.

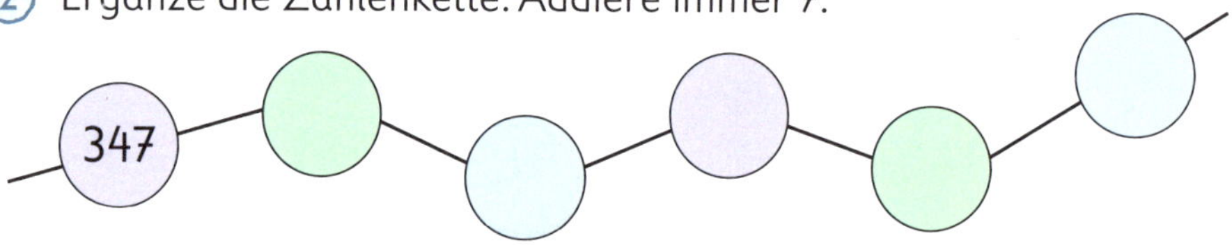

3

475 − 36 = ___

974 − 55 = ___

769 − 39 = ___

547 − 43 = ___

657 − ___ = 628

984 − ___ = 940

___ − 57 = 635

___ − 63 = 620

4 Ergänze die Zahlenkette. Subtrahiere immer 6.

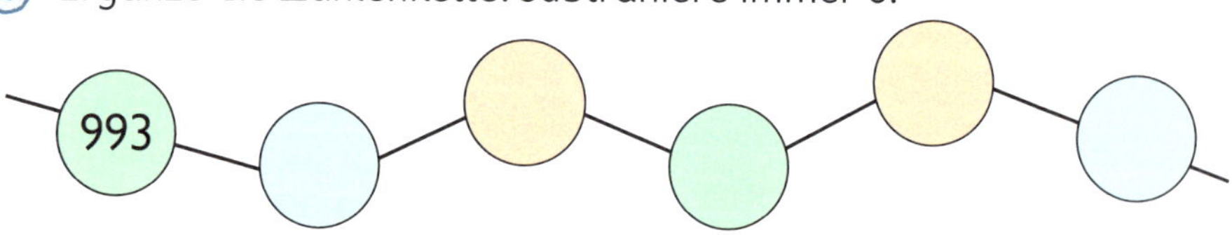

5 Finde die Aufgabe und kreise die gesuchte Zahl ein.

a) Wenn ich die Zahl um 26 verkleinere, erhalte ich 555. ___ ○ ___ = ___

b) Wenn ich die Zahl um 26 vergrößere, erhalte ich 777. ___ ○ ___ = ___

1 und 3: Addieren/Subtrahieren ohne Hunderterübergang 2 und 4: Zahlenketten vervollständigen
5: Aufgabe finden und die gesuchte Zahl einkreisen

1 Addieren oder Subtrahieren?

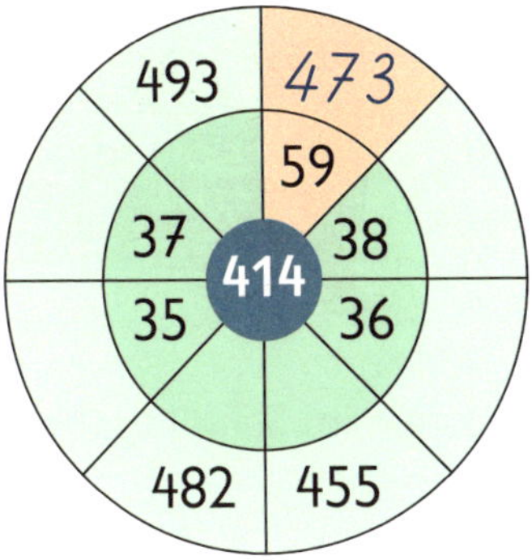

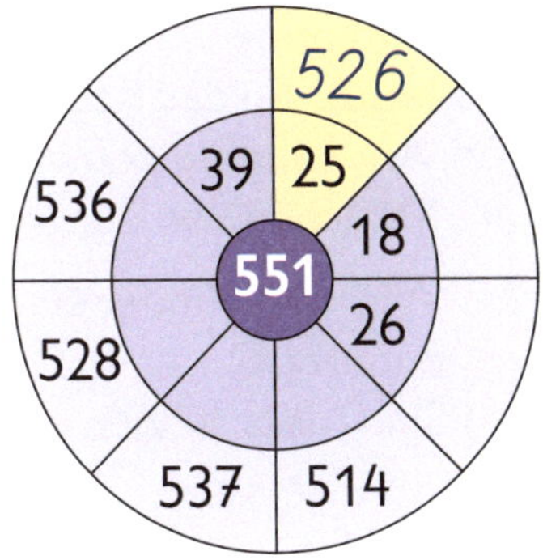

2 Setze das richtige Zeichen: < = >.

630 + 40 ◯ 680
548 + 22 ◯ 570
666 + 28 ◯ 628

246 + 18 ◯ 273 − 24
582 − 32 ◯ 539 + 17
427 + 36 ◯ 419 + 44

3

110	220	
		150

175			
	75		
		36	
	21	18	

4

Berechne die Summe aus 888 und der kleinsten zweistelligen Zahl.

Berechne die Differenz aus 444 und der Hälfte von 50.

5

+	36		
528			
605		643	653

−	28	38	48
553			
856			

1: Gefragte Rechenart erkennen, dann Addieren/Subtrahieren 2: Berechnen oder Überschlagen im Kopf, dann Vergleichen 3: Rechenmauern lösen 4: Aufgaben finden und lösen 5: Addieren/Subtrahieren

Sachaufgaben – Besondere Wörter

Schullandheim an der Ostsee

1 Am Sonnabend reisten 67 Jungen und 58 Mädchen der Regenbogenschule an. Am Sonntag kamen 45 Jungen und 49 Mädchen von der Sonnenschule an.

a) Wie viele Kinder sind insgesamt angereist?

b) Sind mehr Jungen oder mehr Mädchen im Schullandheim?

Aufgaben:

Antwort a): ______________________

Antwort b): ______________________

2 Das Schullandheim hat im Erdgeschoss 9 Zimmer. In der ersten Etage sind doppelt so viele Zimmer und in der zweiten Etage dreimal so viele Zimmer wie im Erdgeschoss.

a) Wie viele Zimmer sind es insgesamt?

b) Wie viele Kinder können im Erdgeschoss schlafen, wenn in jedem Zimmer drei Betten stehen?

Aufgaben:

Antwort a): ______________________

Antwort b): ______________________

1 und 2: Inhalt erfassen, Aufgaben finden und lösen, im Satz antworten

1

6 cm 5 mm = ☐☐☐ mm	72 mm = ☐☐ cm ☐ mm
5 cm 3 mm = ☐☐☐ mm	57 mm = ☐☐ cm ☐ mm
17 cm 8 mm = ☐☐☐ mm	239 mm = ☐☐ cm ☐ mm
50 cm 7 mm = ☐☐☐ mm	406 mm = ☐☐ cm ☐ mm

2 Schreibe mit Komma.

5 cm 7 mm = ☐ , ☐ cm	8 m 64 cm = ☐☐ , ☐☐ m
8 cm 4 mm = ☐ , ☐ cm	41 m 30 cm = ☐☐ , ☐☐ m
1 cm 9 mm = ☐ , ☐ cm	30 m 7 cm = ☐☐ , ☐☐ m
3 cm 6 mm = ☐ , ☐ cm	1 m 84 cm = ☐☐ , ☐☐ m

3 Schreibe mit zwei Einheiten.

7,8 cm = ☐☐ cm ☐ mm	4,63 m = ☐☐ m ☐☐ cm
9,0 cm = ☐☐ cm ☐ mm	9,25 m = ☐☐ m ☐☐ cm
21,4 cm = ☐☐ cm ☐ mm	18,36 m = ☐☐ m ☐☐ cm
40,2 cm = ☐☐ cm ☐ mm	45,07 m = ☐☐ m ☐☐ cm

4 Gib die Länge der Strecken in drei Schreibweisen an.

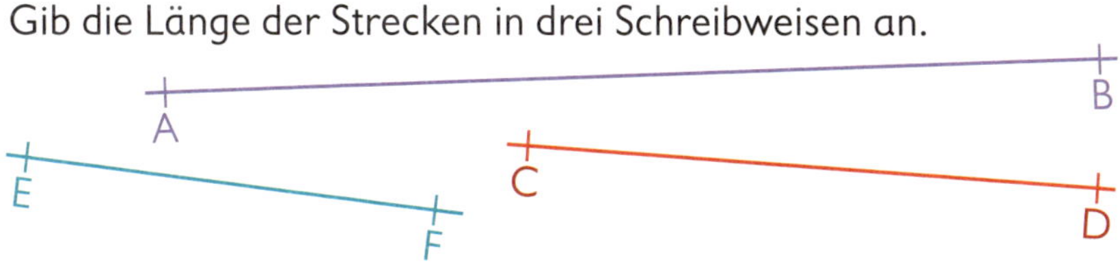

$\overline{AB}$ = ☐☐ mm	$\overline{CD}$ = ☐☐ mm	$\overline{EF}$ = ☐☐ mm
$\overline{AB}$ = ☐ cm ☐ mm	$\overline{CD}$ = ☐ cm ☐ mm	$\overline{EF}$ = ☐ cm ☐ mm
$\overline{AB}$ = ☐ , ☐ cm	$\overline{CD}$ = ☐ , ☐ cm	$\overline{EF}$ = ☐ , ☐ cm

1 bis 3: Längenangaben umwandeln
4: Streckenlängen messen, Längen in drei Schreibweisen angeben

1

85 cm + ___ cm = 1 m	200 m + ___ m = 1 km
27 cm + ___ cm = 1 m	650 m + ___ m = 1 km
41 cm + ___ cm = 1 m	180 m + ___ m = 1 km
7 cm + ___ cm = 1 m	70 m + ___ m = 1 km

2 Ordne. Beginne mit der größten Längenangabe.

365 mm T	7 km F	80,03 m I	950 m E
48,5 cm I	365 cm E	30,8 m Z	1 000 m R

____

Lösungswort: ☐☐☐☐☐☐☐☐

3 Setze das richtige Zeichen: < = >.

4,27 m ◯ 427 m			25 cm 8 mm ◯ 250 mm
0,83 m ◯ 100 cm			9 cm 3 mm ◯ 93 mm
6,05 m ◯ 6 m 50 cm			10 cm 5 mm ◯ 100 mm
9,20 m ◯ 9,02 m			6 cm 1 mm ◯ 61 mm

4 Immer zwei Längenangaben sind gleich.
Male sie in der gleichen Farbe an.

705 cm | $\frac{1}{2}$ km | 0,75 m | 4 cm 8 mm

500 m | 750 mm | 250 m | 6,9 cm

$\frac{1}{4}$ km | 69 mm | 7 m 5 cm | 48 mm

1: Ergänzen zu 1 m bzw. zu 1 km 2: Ordnen nach Vorgabe, Lösungswort finden
3: Vergleichen 4: Gleiche Längenangaben finden

1

350 + 430

520 + 290

470 + 280

860 − 340

540 − 450

730 − 440

2

510 —+170→ ☐ —+240→ ☐ —−320→ ☐

↓ −150

1 000 ←+370— ☐ ←−80— ☐ ←+260— ☐

3

430	120	220

720		
	120	100

1: Halbschriftliches Addieren/Subtrahieren 2: Rechenkette lösen 3: Rechenmauern lösen

Addieren/Subtrahieren mit dreistelligen Zahlen

1

385 + 312

543 + 234

897 − 564

479 − 236

2

644 + 238

763 − 345

877 − 438

575 + 347

1: Halbschriftliches Addieren und Subtrahieren ohne Überschreiten des Zehners/Hunderters
2: Halbschriftliches Rechnen mit Überschreiten des Zehners (beim Addieren auch des Hunderters)

Kilogramm – Gramm

① Ergänze zu 1 kg.

365 g	740 g	500 g	100 g	650 g	730 g	890 g

2 Setze das richtige Zeichen: < = >.

200 g + 460 g	◯	600 g	380 g + 530 g	◯	400 g + 520 g
550 g + 290 g	◯	790 g	820 g – 470 g	◯	700 g – 350 g
940 g – 480 g	◯	560 g	960 g – 580 g	◯	180 g + 180 g

3 Immer zwei Angaben sind gleich. Male sie in der gleichen Farbe an.

$\frac{1}{4}$ kg | 500 g | 1 000 g | 750 g | 900 g | 1 kg | 1 000 g – 760 g | $\frac{1}{2}$ kg | 300 g + 600 g | 250 g | $\frac{3}{4}$ kg | 240 g

4 Max hat 250 g Wurst, 480 g Fleisch und 250 g Kekse gekauft. Lisa kauft zwei Bockwürste zu je 100 g, ein Netz Äpfel zu 500 g und $\frac{1}{4}$ kg Tomaten.

Frage: ______________________________

Aufgaben:

Antwort: ______________________________

Überschlagsrechnung

(1) Welche Hunderterzahl liegt am nächsten?

284 → 300	429 →	609 →
763 →	377 →	918 →
940 →	661 →	707 →

(2) Welche Zehnerzahl liegt am nächsten?

457 → 460	914 →	904 →
366 →	781 →	619 →
719 →	412 →	252 →

3 Finde zu jeder Angabe einen Überschlag.

a) Das Freizeitbad besuchten am Sonnabend 366 Kinder. ___ Kinder

b) Am Neujahrslauf in Cottbus nahmen 923 Läufer teil. ___ Läufer

c) Die Tanne auf dem Weihnachtsmarkt ist 14,60 m hoch. ___ m

d) Jens hat in seiner Sparbüchse 124,75 €. ___ €

(4) Zwischen welchen Hunderterzahlen liegt die Zahl?

	211	
	359	
	609	
	555	
	990	

(5) Zwischen welchen Zehnerzahlen liegt die Zahl?

	381	
	927	
	516	
	893	
	99	

1 und 2: Nächstliegende Hunderter-/Zehnerzahl angeben
3: Sinnvollen Näherungswert finden 4: Benachbarte Hunderter- und Zehnerzahlen finden

1

	H	Z	E
	4	3	2
+	3	4	5

	H	Z	E
	3	4	2
+	4	3	5

	H	Z	E
	4	2	3
+	5	3	4

	H	Z	E
	6	2	3
+	1	4	6

2

	2	4	3
+	1	4	6

	3	1	5
+	2	8	4

	2	3	2
+	3	2	3

	8	8	8
+	1	1	1

3 Überprüfe die Ergebnisse. Berichtige die Fehler.

	2	8	3
+	3	1	5
	5	7	7

	4	2	4
+	1	0	2
	5	2	2

	6	3	6
+	2	0	3
	8	3	9

	4	5	6
+	3	2	1
	7	7	8

4 Ergänze die fehlenden Ziffern.

	2	3	5
+	3		3
	5	8	8

	1	8	3
+		1	4
	8	9	7

	3	1	
+	4	8	2
	7	9	9

	2	4	6
+	4	0	3
		4	9

5 Schreibe erst die Summanden stellengerecht untereinander. Addiere dann.

632 + 346 | 104 + 574 | 435 + 43 | 86 + 413

1, 2 und 5: Schriftliches Addieren
3: Fehler finden und berichtigen 4: Ziffern ergänzen

Addieren mit Übertrag

1

	H	Z	E
	3	2	6
+	1	3	7

	H	Z	E
	4	1	5
+	2	3	7

	H	Z	E
	1	6	7
+	2	3	6

	H	Z	E
	4	3	4
+	4	4	6

2

	4	7	8
+	3	4	5

	2	4	9
+	5	5	6

	3	3	3
+	5	8	9

	5	0	9
+	4	9	7

3 458 + 42   96 + 215   609 + 84

4 Familie Walter hat in der ersten Ferienwoche 257 € ausgegeben. In der zweiten Ferienwoche benötigte sie 186 € mehr als in der ersten. Wie viel Geld hat sie insgesamt ausgegeben?

Aufgaben:

Antwort: ______________________

1 bis 3: Schriftliches Addieren mit Übertrag
4: Inhalt erfassen, Aufgabe finden und lösen, im Satz antworten

1

H	Z	E		H	Z	E		H	Z	E		H	Z	E
5	6	7		6	5	8		8	4	6		4	8	9
− 2	3	4		− 3	2	6		− 4	2	3		− 1	5	9

2

7	8	9		5	5	8		6	0	9		7	6	6
− 5	3	5		− 2	0	5		− 4	0	3		− 4	3	3

3 Subtrahiere. Kontrolliere mit der Umkehraufgabe.

a)

9	8	8				
− 5	4	4		+ 5	4	4

b)

6	9	7
− 2	7	4

4 Schreibe erst stellengerecht untereinander. Subtrahiere dann.

757 − 434   936 − 723   896 − 73   584 − 262

5

Berechne die Differenz aus 667 und 345.

Der Minuend ist 598, der Subtrahend ist 425. Berechne die Differenz.

Welche Zahl ist um 427 kleiner als 689?

1, 2 und 4: Schriftliches Subtrahieren   3: Subtrahieren; Kontrolle mit der Umkehroperation
5: Inhalt erfassen, Aufgabe finden und schriftlich lösen

Subtrahieren mit Übertrag

1

	H	Z	E			H	Z	E			H	Z	E			H	Z	E
	5	2	3			8	6	7			4	6	5			3	8	1
−	3	1	8		−	4	2	8		−	1	4	7		−	1	2	6

2

	8	0	8			6	4	5			7	2	5			9	1	1
−	1	3	9		−	3	3	8		−	3	5	6		−	6	6	7

3 Subtrahiere. Kontrolliere das Ergebnis mit der Umkehraufgabe.

a)

	4	3	6				
−	1	5	7		+	1	5	7

b)

	4	0	4				
−	1	8	4				

4 Trage die fehlenden Ziffern ein.

	7	4	3			5	☐	2			☐	3	6			☐	3	7
−	3	2	☐		−	3	7	7		−	4	6	8		−	6	5	☐
	4	1	4			1	7	5			3	6	8			2	7	9

1 und 2: Schriftliches Subtrahieren 3: Subtrahieren; Kontrolle mit der Umkehroperation
4: Fehlende Ziffern ermitteln

1 In der Tabelle ist angekreuzt, was die Kinder sammeln.

	Max	Anna	Lisa	Ben	Maria	Tom	Nina
Briefmarken	x				x		x
Sticker	x	x		x	x		x
Steine	x	x		x	x		

a) Ben sammelt ____________________ und ____________________.

b) Wie viele Kinder sammeln alle drei Dinge? ☐ Kinder

c) Wie viele Kinder sammeln nichts davon? ☐ Kinder

d) Wie viele Kinder sammeln? Briefmarken: ☐ Kinder,

Sticker: ☐ Kinder, Steine: ☐ Kinder.

2 Zeichne ein Streifendiagramm zu den Mitgliedern des Sportvereins „Schneller Ball“.

Sportart	Mitglieder
Fußball	45
Volleyball	40
Handball	25
Tischtennis	10

3 Entscheide: „ist möglich“, „ist sicher“ oder „ist unmöglich“.

a) Annas Zahl ist durch 2 teilbar. ____________________

b) Annas Zahl ist die 7. ____________________

c) Annas Zahl ist durch 3 teilbar. ____________________

1: Informationen aus der Tabelle entnehmen 2: Streifendiagramm zeichnen
3: Wahrscheinlichkeit prüfen

Kombinieren

(1) Male vier Möglichkeiten, wie du das Quadrat mit den kleinen Quadraten auslegen kannst.

(2) In 2 Minuten knacken 2 Eichhörnchen 2 Nüsse.

4 Eichhörnchen knacken in 4 Minuten ___ Nüsse.

(3) Trage die Zahlen 1 bis 9 so ein, dass die Summe der Eckzahlen 15 ist und dass an jeder Dreiecksseite die Summe der Zahlen 20 ist.

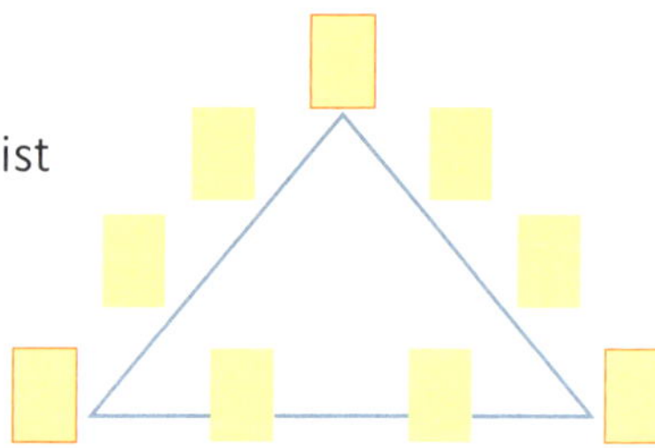

(4) Welches Teil wird zum Legen des Bildes nicht benötigt?

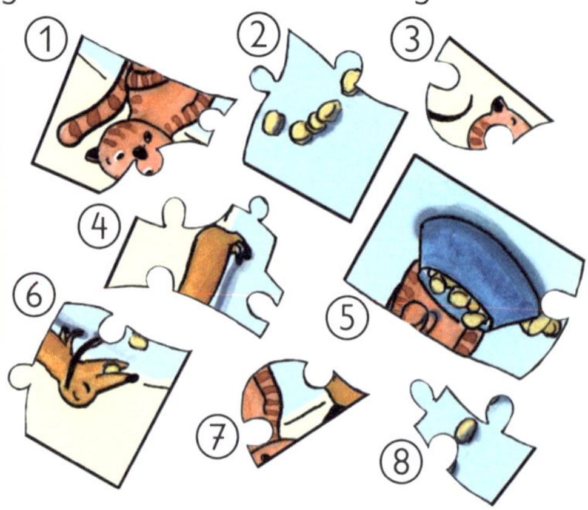

Nicht benötigt: ___

1: Vier verschiedene Möglichkeiten finden 2: Aufgabe finden und lösen
3: Ziffern nach Vorgabe eintragen 4 Nicht benötigtes Teil identifizieren

Rechnen mit Größen – Kommaschreibweise

1 Überschlage erst. Rechne dann.

Ü: ____ € – ____ € = ____ €

$$\begin{array}{r} 93{,}29\,€ \\ -\ 37{,}75\,€ \\ \hline \\ \hline \end{array}$$

Ü: ____ € + ____ € = ____ €

$$\begin{array}{r} 43{,}84\,€ \\ +\ 37{,}27\,€ \\ \hline \\ \hline \end{array}$$

2 Schreibe erst stellengerecht untereinander. Rechne dann.

672,25 m + 94,71 m + + 1 287,43 m

254,60 m + 429 m + + 67,58 m

3 Schreibe erst alle Angaben mit Komma. Rechne dann.

36,99 € + 476 ct

2 448 cm – 8,59 m

12,45 m – 988 cm

1: Überschlagen, schriftliches Addieren/Subtrahieren 2: Schriftliches Addieren mit drei Summanden
3: Schriftliches Addieren/Subtrahieren bei Kommaschreibweise

1 Zerlege das Rechteck durch Einzeichnen einer Strecke in:

a) zwei Quadrate, b) zwei Dreiecke, c) ein Viereck und ein Dreieck.

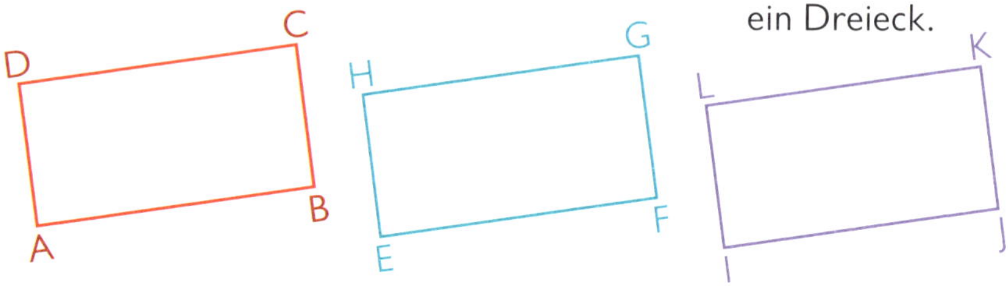

2 Miss die Seitenlängen des Rechtecks aus Aufgabe 1.

$\overline{AB}$ = __ __ mm $\overline{BC}$ = __ __ mm

$\overline{AB}$ = __ cm __ mm $\overline{BC}$ = __ cm __ mm

$\overline{AB}$ = __ , __ cm $\overline{BC}$ = __ , __ cm

3 Zeichne mit dem Geodreieck.

a) Zeichne ein Dreieck mit zwei zueinander senkrechten Seiten.

b) Zeichne ein Rechteck mit den Seitenlängen $\overline{AB}$ = 35 mm und $\overline{BC}$ = 25 mm.

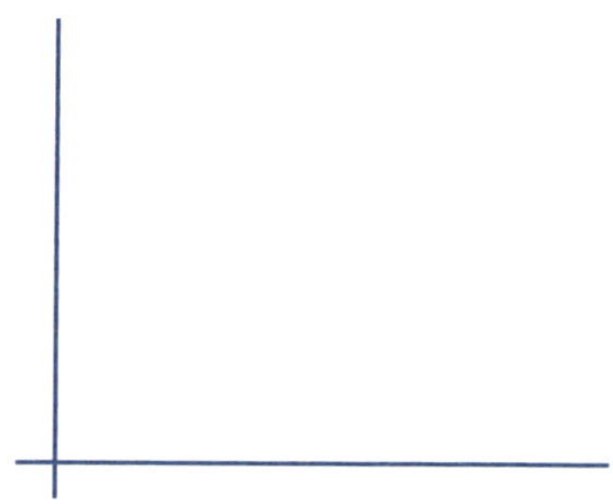

c) Zeichne ein Parallelogramm mit den Seitenlängen $\overline{EF}$ = 100 mm und $\overline{FG}$ = 15 mm.

1: Rechteck nach Vorschrift zerlegen 2: Seitenlängen bestimmen und in drei Schreibweisen angeben
3: Rechtwinkliges Dreieck zeichnen; Rechteck, Parallelogramm mit gegebenen Seitenlängen zeichnen

Vielfache und Teiler einer Zahl

1 Schreibe jeweils alle Vielfache bis 35 auf.

a) Vielfache von 4: ____________________

b) Vielfache von 6: ____________________

c) Vielfache von 5: ____________________

2 a) Das Dreifache

– von 8 ist ___ .

– von 10 ist ___ .

– von ___ ist 27.

b) Das Siebenfache

– von 3 ist ___ .

– von 5 ist ___ .

– von ___ ist 42.

3 Finde jeweils vier gemeinsame Vielfache.

a) von 4 und 6:

____

b) von 3 und 9:

____

c) von 2, 3 und 6:

____

4 Finde alle Teiler.

a) Teiler von 18: ____________________

b) Teiler von 40: ____________________

c) Teiler von 32: ____________________

5 Schreibe als Divisionsaufgabe und löse sie.

a) ___ : ___ = ___ Der dritte Teil von 9 ist ___ .

b) ___ : ___ = ___ Der vierte Teil von 20 ist ___ .

c) ___ : ___ = ___ Der sechste Teil von 36 ist ___ .

1: Alle Vielfachen bis 35 bestimmen 2: Das Dreifache/Siebenfache angeben 3: Gemeinsame Vielfache finden 4: Alle Teiler finden 5: Aufgabe angeben und den berechneten Teil nennen

Multiplizieren und Dividieren mit 10 und mit 100

1

45 · 10 = ___

88 · 10 = ___

660 : 10 = ___

110 : 10 = ___

7 · 100 = ___

1 · 100 = ___

100 : 100 = ___

900 : 100 = ___

2

· 10

44 m	
14 m	
	280 m
	640 m

· 100

7 €	
1 €	
	500 €
	900 €

: 10

320 ct	
580 ct	
	60 ct
	44 ct

3

10 · ___ = 40

10 · ___ = 870

10 · ___ = 100

10 · ___ = 660

22 · ___ = 220

17 · ___ = 170

___ · 10 = 910

___ · 99 = 990

550 = ___ · 10

110 = ___ · 11

900 = 10 · ___

490 = 10 · ___

4 Rechne. Begründe das Ergebnis mit der Umkehraufgabe.

430 : 10 = ___, denn ____________

770 : 10 = ___, denn ____________

120 : 10 = ___, denn ____________

900 : 100 = ___, denn ____________

100 : 100 = ___, denn ____________

1 und 2: Multiplizieren und Dividieren 3: Fehlenden Faktor finden
4: Ergebnis mit der Multiplikationsaufgabe begründen

①

6 · 50 = ___	7 · ___ = 140	___ · 40 = 120
3 · 70 = ___	4 · ___ = 240	___ · 90 = 270
40 · 9 = ___	8 · ___ = 560	___ · 50 = 150

2 Immer vier Multiplikationsaufgaben gehören zusammen.

3 · 40 =	5 · 70 =
40 · 3 =	
4 · =	
· =	

③

350 : 70 = ___	640 : ___ = 8	450 : ___ = 9
160 : 20 = ___	360 : ___ = 6	240 : ___ = 4
810 : 90 = ___	270 : ___ = 3	450 : ___ = 5

4 Bilde Aufgabenfamilien.

180 30 6

70 560 8

5 Setze das richtige Zeichen:

6 · 30 ◯ 8 · 20	560 : 80 ◯ 810 : 90
4 · 80 ◯ 6 · 60	450 : 50 ◯ 360 : 40

1 $3 \cdot 80 + 40 = \square$

3 · 80 =
240 + 40 =

$148 + 8 \cdot 6 = \square$

$432 - 7 \cdot 3 = \square$

$9 \cdot 8 - 14 = \square$

$420 : 6 - 25 = \square$

$613 - 360 : 40 = \square$

2 Rechne im Kopf.

$2 \cdot 6 + 5 \cdot 8 = \square$

$4 \cdot 4 + 8 \cdot 8 = \square$

$9 \cdot 6 + 3 \cdot 4 = \square$

$5 \cdot 7 + 6 \cdot 8 = \square$

$9 \cdot 7 - 3 \cdot 20 = \square$

$6 \cdot 8 - 4 \cdot 10 = \square$

$6 \cdot 3 + 2 \cdot 30 = \square$

$5 \cdot 5 + 6 \cdot 6 = \square$

3 Lisa hat 5 Münzen zu je 5 ct, 3 Münzen zu je 50 ct und 4 Münzen zu je 20 ct. Reicht ihr Geld für das Rätselheft?

Aufgabe:

Antwort: ____________________

1: Rechenregel zur Punkt- und Strichrechnung anwenden; halbschriftlich rechnen 2: Rechenregel beim mündlichen Rechnen anwenden 3: Inhalt erfassen, Aufgabe finden und lösen, im Satz antworten

1

$4 \cdot (4 + 5) =$ ___

$6 \cdot (5 + 4) =$ ___

$7 \cdot (12 - 3) =$ ___

$5 \cdot (17 - 9) =$ ___

$(6 + 4) \cdot 8 =$ ___

$(15 - 7) \cdot 9 =$ ___

$(32 - 8) : 4 =$ ___

$(49 + 7) : 7 =$ ___

2

$640 : (40 + 40) =$ ___

$810 : (40 + 50) =$ ___

$560 : (40 + 30) =$ ___

$210 : (20 + 10) =$ ___

$(350 - 70) : 40 =$ ___

$(480 + 60) : 60 =$ ___

$(490 + 50) : 90 =$ ___

$(180 - 30) : 50 =$ ___

3 Finde die Aufgabe und löse sie.

Dividiere die Differenz aus 630 und 450 durch die Zahl 20.

Subtrahiere vom Produkt aus 8 und 70 das Produkt aus 80 und 2.

4 Setze das passende Rechenzeichen ein: + − · oder :.

(730 ◯ 80) ◯ 90 = 9

(540 ◯ 90) ◯ 50 = 9

350 ◯ (15 ◯ 8) = 50

(15 ◯ 25) ◯ 8 = 320

1 und 2: Multiplizieren/Dividieren mit Summen/Differenzen
3: Aufgabe mit Klammern finden und lösen 4: Rechenzeichen einsetzen

Multiplizieren zweistelliger mit einstelligen Zahlen

1

$7 \cdot 18$

$6 \cdot 16$

2 Nutze den Rechenvorteil.

$7 \cdot 19$

$49 \cdot 6$

3 Am Tauziehen nahmen 14 Mannschaften mit je 6 Kindern teil.
Beim Sackhüpfen sind 12 Mannschaften mit je 8 Kindern gestartet.
An welchem Wettkampf nahmen mehr Kinder teil?

Aufgaben:

Antwort: ______________________________

1: Halbschriftliches Multiplizieren 2: Beim halbschriftlichen Multiplizieren Rechenvorteile nutzen
3: Inhalt erfassen, Aufgaben finden und lösen, im Satz antworten

Dividieren zweistelliger durch einstelliger Zahlen

1

85 : 5

98 : 7

2 Nutze den Rechenvorteil.

78 : 2

57 : 3

3 Setze das richtige Zeichen: < = >.

75 : 5 ◯ 72 : 8
48 : 2 ◯ 96 : 4

36 : 2 ◯ 72 : 4
65 : 5 ◯ 78 : 6

30 : 2 ◯ 45 : 3
28 : 7 ◯ 96 : 8

4

:	2	4	6	8
24				
48				
96				

:	9	6	3	1
54				
72				
90				

5 Schreibe alle Zahlen zwischen 55 und 99 auf,
die man durch diesen Divisor dividieren kann.

a) durch 6: ____________________

b) durch 8: ____________________

1 und 2: Halbschriftliches Dividieren (bei 2: Rechenvorteile nutzen) 3: Im Kopf berechnen/überschlagen und vergleichen 4: Im Kopf dividieren 5: Inhalt erfassen, Vielfache in gegebenen Grenzen finden

1 $5 \cdot 49\,m$ | $637\,€ : 7$

2 Finde die Aufgabe und löse sie.

Ich bilde das Sechsfache von 37 und addiere 111.	Ich subtrahiere 222 vom Achtfachen von 48.

3 Die Radsportler der Jugendmannschaft fahren im Trainingslager täglich 98 km. Wie viel Kilometer fahren sie in einer Woche, wenn sie einen Ruhetag haben?

Antwort: ______________________________

1 und 2: Halbschr. Multiplizieren/Dividieren mit Größen 2: Gesuchte Aufgabe finden; halbschr. lösen
3: Inhalt erfassen, Aufgabe bilden und halbschriftlich lösen (Rechenvorteil nutzen), im Satz antworten

1

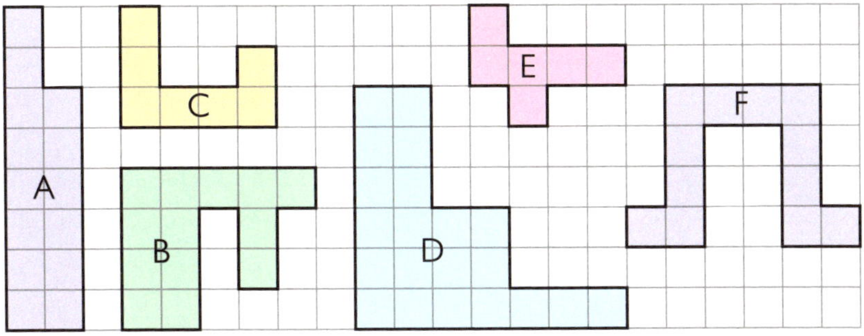

a) Ordne die Flächen nach ihrer Größe. Beginne mit der kleinsten.

b) Welche Fläche ist dreimal so groß wie die Fläche C?

Welche Fläche ist halb so groß wie die Fläche F?

Welche Fläche ist halb so groß wie die Fläche A?

2

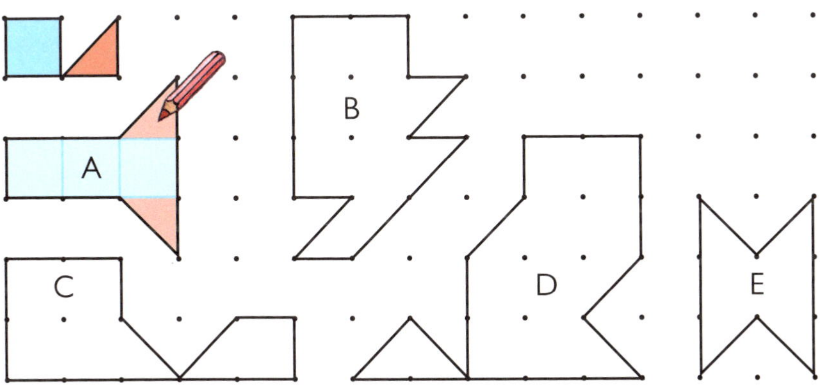

Wie oft passen das Quadrat und das Dreieck in die Figuren?

	A	B	C	D	E
	3				
	2				

1: Größe der Flächen durch Auszählen bestimmen; Flächen nach Vorschrift ordnen; Flächengrößen vergleichen und antworten 2: Anzahl der Quadrate und Dreiecke angeben

Vergrößern – Verkleinern

1 Zeichne den Baum doppelt so groß.

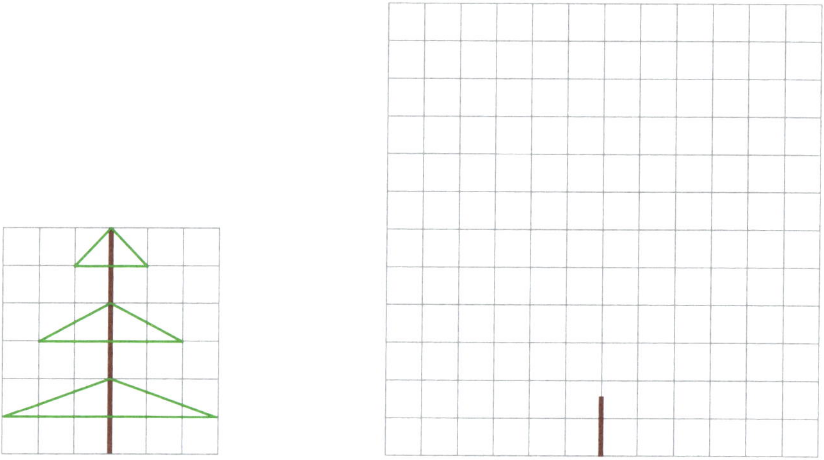

2 Zeichne den Drachen halb so groß.

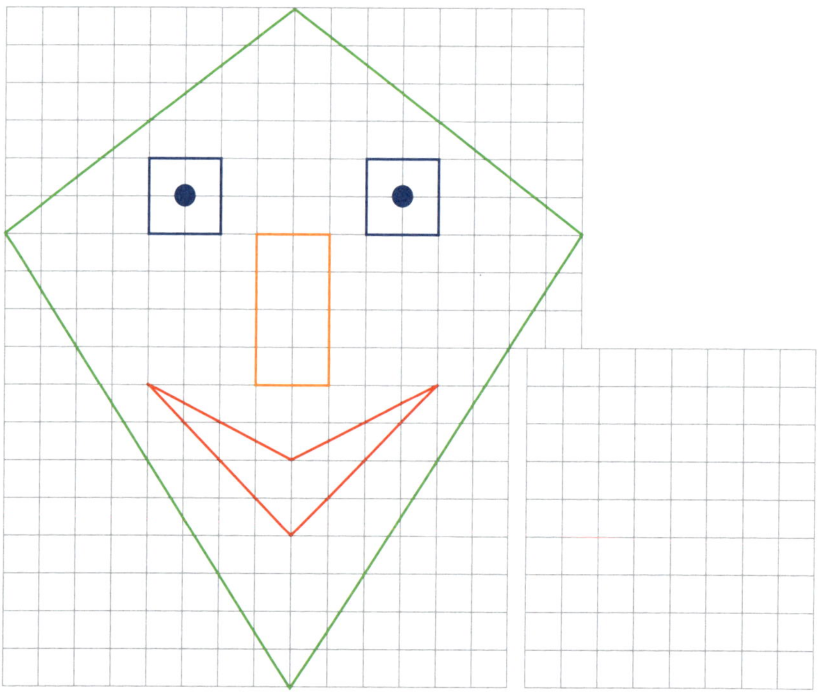

1 und 2: Figuren nach Vorgabe vergrößern bzw. verkleinern

1 a) Zeichne einen Durchmesser (d) und einen Radius (r) ein.

b) Gib ihre Längen an:

d = ___ ___ mm

d = ___ cm ___ mm

d = ___ , ___ cm

r = ___ ___ mm

r = ___ cm ___ mm

r = ___ , ___ cm

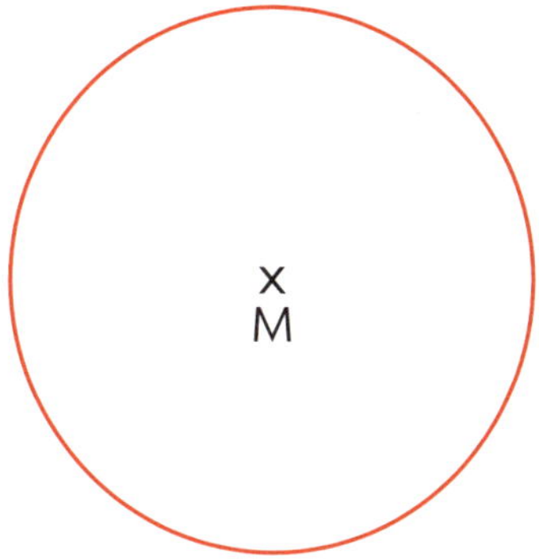

2 a) Zeichne um M einen Kreis mit einem Radius von 25 mm.

b) Zeichne einen zweiten Kreis, der den ersten in zwei Punkten schneidet.

c) Zeichne einen Kreis mit einem Radius von 25 mm so, dass er den ersten Kreis in einem Punkt berührt.

x
M

1: Radius und Durchmesser einzeichnen und ihre Längen bestimmen
2: Kreise nach Vorgabe zeichnen

Achsensymmetrische Figuren

1 Welche Figuren haben Symmetrieachsen? Zeichne sie ein.

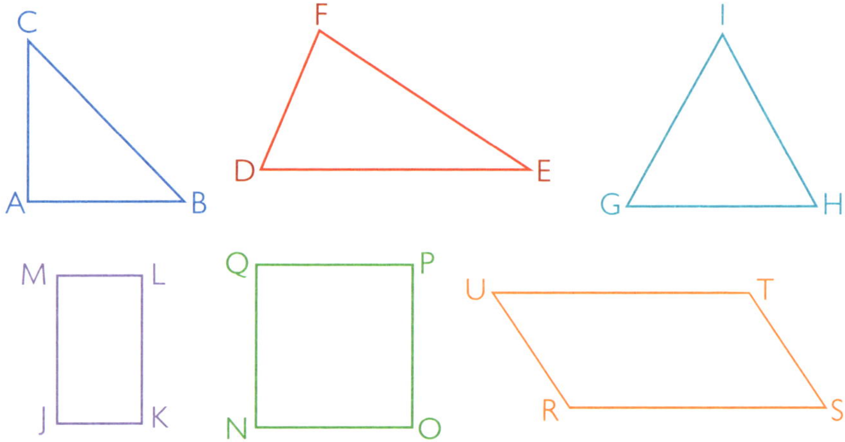

2 Ergänze zu symmetrischen Figuren.
Kontrolliere mit dem Spiegel.

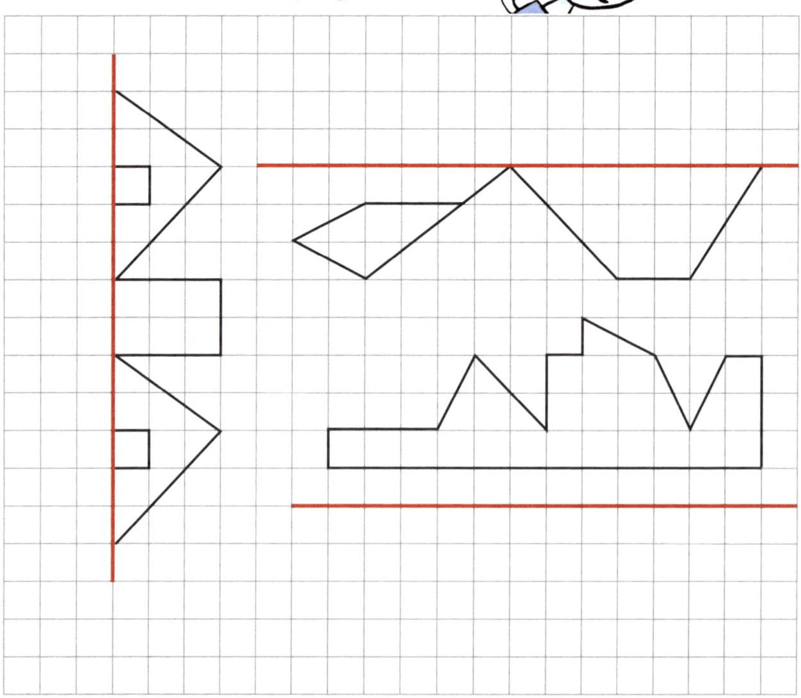

1: Symmetrieachsen bestimmen (z.T. mehrere) und einzeichnen
2: Zur symmetrischen Figur ergänzen

1. 40 · 23 16 · 50

2. 14 · 60 20 · 27

3.

·	33	12	24
20			
30			

·	20	10	30
25			
32			

4. Hier kannst du vorteilhaft rechnen.

19 · 20 30 · 29

5. 11 →(·50) ☐ →(−523) ☐ →(·20) ☐ ↓(−380) ☐ →(·4) ☐ →(−390) ☐ →(·4) 1 000

1 und 2: Halbschriftliches Multiplizieren 3: Multiplizieren in Tabellen
4: Rechenvorteile erkennen und beim halbschriftlichen Multiplizieren nutzen 5: Rechenkette lösen

Multiplizieren ohne Übertrag

1

	H	Z	E		
	4	1	3	·	2
			H	Z	E

	H	Z	E		
	3	2	0	·	3
			H	Z	E

	H	Z	E		
	4	2	4	·	2
			H	Z	E

2 Überschlage erst. Multipliziere dann.

Ü:

213 · 3

Ü:

303 · 3

3

Berechne das Fünffache von 111.	Berechne das Doppelte von 234.	Berechne das Vierfache von 102.

4 Immer zwei Kärtchen gehören zusammen.
Verbinde sie und ergänze die fehlende Ziffer.

444 · 2	7 0 ☐	3 0 ☐	320 · 3
103 · 3	9 ☐ 0	☐ 0 9	312 · 2
1 · 809	☐ 0 6	8 ☐ 8	3 · 302
7 · 101	8 ☐ 0	6 2 ☐	4 · 210

1 und 2: Schriftliches Multiplizieren ohne und mit Überschlag 3: Vielfache schriftlich berechnen
4: Aufgabe und Lösung verbinden, fehlende Ziffer ergänzen

1 a) Überschlage erst. Multipliziere dann.

Ü:
$125 \cdot 3$

Ü:
$207 \cdot 4$

Ü:
$257 \cdot 2$

Ü:
$183 \cdot 5$

b) Ordne die Ergebnisse. Beginne mit der größten Zahl.

2 Hier wurden Fehler gemacht. Finde sie und berichtige.

$124 \cdot 6$	$298 \cdot 3$	$243 \cdot 4$	$134 \cdot 7$
724	674	872	828

3 Setze das richtige Zeichen: < = >.

213 · 4	○	700	3 · 118	○	4 · 117
324 · 3	○	1 000	2 · 247	○	5 · 196
125 · 6	○	750	111 · 8	○	222 · 4
266 · 3	○	800	308 · 3	○	803 · 1

1: Überschlagen und schriftliches Multiplizieren; Ergebnisse nach Vorschrift ordnen
2: Fehler finden und korrigieren 3: Überschlagen oder schriftlich multiplizieren und vergleichen

Multiplizieren mit oder ohne Übertrag

1

434 · 2 | 242 · 4 | 179 · 5 | 102 · 5

136 · 6 | 212 · 3 | 135 · 7 | 207 · 4

455 · 2 | 120 · 8 | 106 · 9 | 235 · 3

2 Trage die fehlenden Ziffern ein.

1 _ 1 · 5 = 505 | 731 · _ = 73 _ | 2 _ 7 · 3 = 62 _ | _ _ _ · 5 = 625

2 _ _ · 4 = 896 | 12 _ · _ = 875 | 117 · _ = _ _ 5 | _ _ 0 · 4 = 600

3 Pauls Vater kauft ein Paddelboot.
Er bezahlt es nicht auf einmal,
sondern er zahlt ein halbes Jahr
lang jeden Monat 87 €.
Wie teuer ist das Boot?

Aufgabe:

Antwort: ______________________

1: Schriftliches Multiplizieren 2: Fehlende Ziffern bei schriftlicher Multiplikation ermitteln
3: Inhalt erfassen, Aufgabe finden und schriftlich lösen, im Satz antworten

1. 464 : 8

   168 : 7

2. Aufgepasst! Hier bleibt beim Dividieren ein Rest.

   137 : 5

   295 : 8

3. Herr Sportlich kauft sich ein Tourenrad für 864 €. Dafür hat er 9 Monate lang jeden Monat den gleichen Betrag gespart.
   Wie viel hat er jeden Monat gespart?

Aufgabe:

Antwort: ______________________________

1 und 2: Halbschriftliches Dividieren ohne bzw. mit Rest
3: Inhalt erfassen, Aufgabe finden und schriftlich lösen, im Satz antworten

1 Dividiere und kontrolliere mit der Umkehraufgabe.

198 : 3

Kontrolle:

546 : 3

Kontrolle:

2

Ich bilde
das Achtfache von 48
und addiere 616.

Ich dividiere 328 durch 4
und addiere 918.

3 Bilde zwei Aufgabenfamilien zur Multiplikation aus diesen Zahlen.

9 87 558 5 62 435

·		=	
·		=	
:		=	
:		=	

·		=	
·		=	
:		=	
:		=	

1: Halbschriftliches Dividieren, Kontrolle mit schriftlicher Multiplikation
2: Aufgaben bilden und lösen 3: Aufgabenfamilien finden und bilden

1 Schreibe jeweils die Vormittags- und die Nachmittagszeit auf.

2 Zeichne die Zeiger ein.

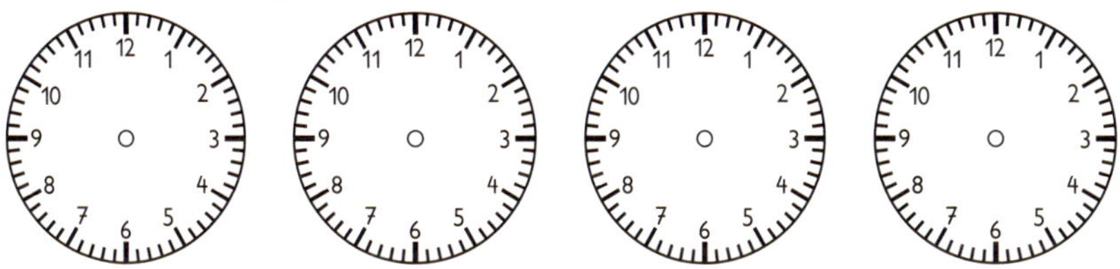

12:37 Uhr 22:04 Uhr 7:52 Uhr 17:24 Uhr

3

180 min = ___ h 4 min = ___ s

300 min = ___ h 7 min = ___ s

4 h = ___ min 540 s = ___ min

6 h = ___ min 600 s = ___ min

4

15 min —+ ___ min→ 1 h 25 min —+ ___ min→ 1 h

18 s —+ ___ s→ 1 min 35 s —+ ___ s→ 1 min

1: Uhrzeit angeben 2: Zeigerstellung einzeichnen 3: Umrechnen
4: Ergänzen zu einer Stunde / zu einer Minute

Alle Einheiten der Zeit – Zeitpunkt – Zeitdauer

1

Jahre	Monate
2	
10	
	12
	60
	72

h	min
	180
$\frac{1}{2}$	
	360
$\frac{3}{4}$	
	15

min	s
2	
5	
$\frac{1}{2}$	
	240
	540

2

8:12 Uhr —(+ ☐☐ min)→ 8:58 Uhr

7:35 Uhr —(+ ☐ h ☐ min)→ 9:40 Uhr

12:18 Uhr —(+ ☐ h ☐☐ min)→ 15:29 Uhr

3

Abfahrt	Fahrzeit	Ankunft
5:45 Uhr		9:25 Uhr
16:43 Uhr	1 h 17 min	
	4 h 30 min	20:10 Uhr

4 a) Welche Uhrzeit war es?

15 min **vor** 7:05 Uhr war es ____________ Uhr.

1 h 20 min **vor** 12:10 Uhr war es ____________ Uhr.

5 h 38 min **vor** 17:17 Uhr war es ____________ Uhr.

b) Welche Uhrzeit ist es?

25 min **nach** 8:55 Uhr ist es ____________ Uhr.

12 h 12 min **nach** 7:40 Uhr ist es ____________ Uhr.

1: Umrechnen 2: Ergänzen zur gegebenen Uhrzeit
3: Abfahrt, Ankunft bzw. Fahrzeit ergänzen 4: Uhrzeit ermitteln

(1) Zeichne den Würfel und den Quader fertig.

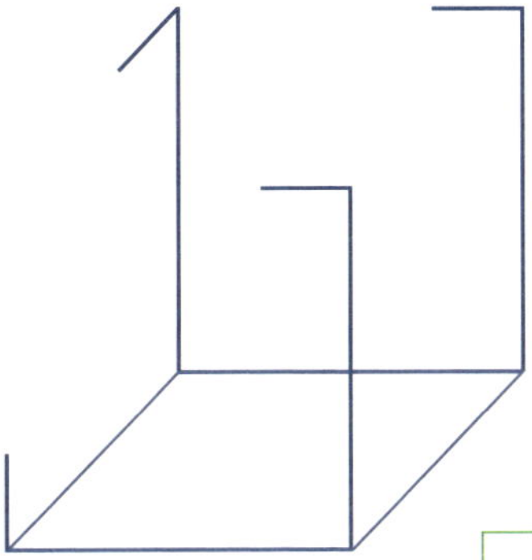

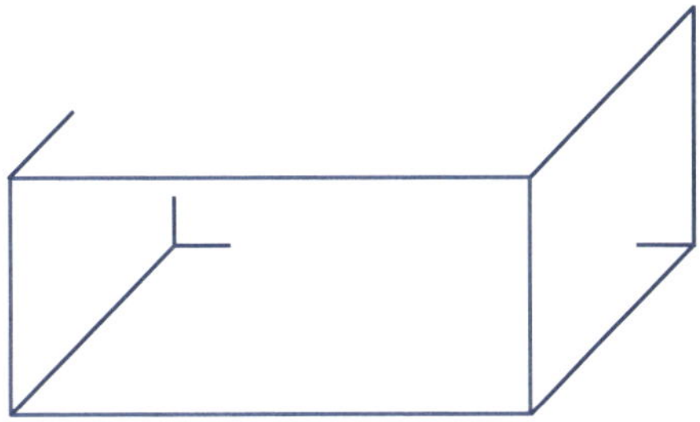

	Ecken	Kanten	Flächen
Würfel			
Quader			

[2] Immer drei Flächen berühren die rote Ecke.
Gib die Summe ihrer Augenzahlen an.

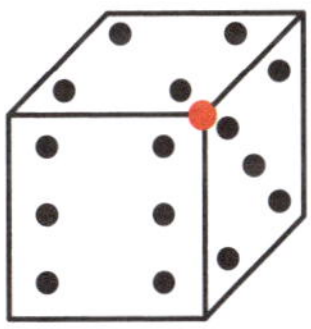

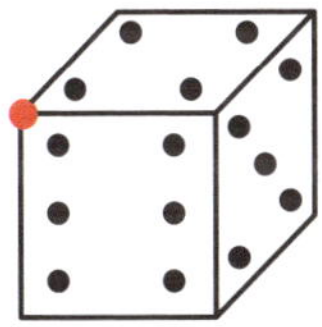

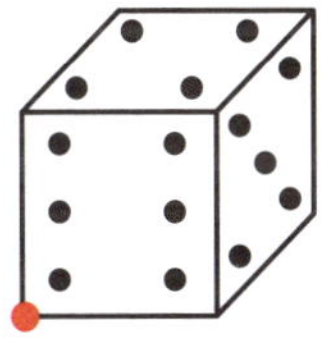

(3) Kippe die Würfel immer von dieser Ausgangsstellung aus.
Welche Augenzahl siehst du dann?

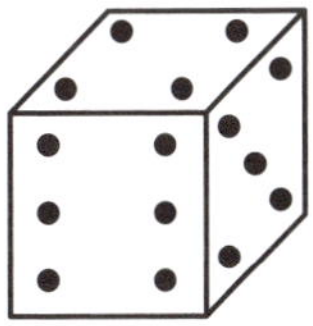

Kippe den Würfel:	vorn	oben	hinten
einmal nach hinten	3	6	4
einmal nach vorn			
einmal nach rechts			
zweimal nach rechts			
zweimal nach links			

Würfelnetze – Quadernetze

1 Zeichne die fehlenden Punkte auf den Würfelnetzen ein.

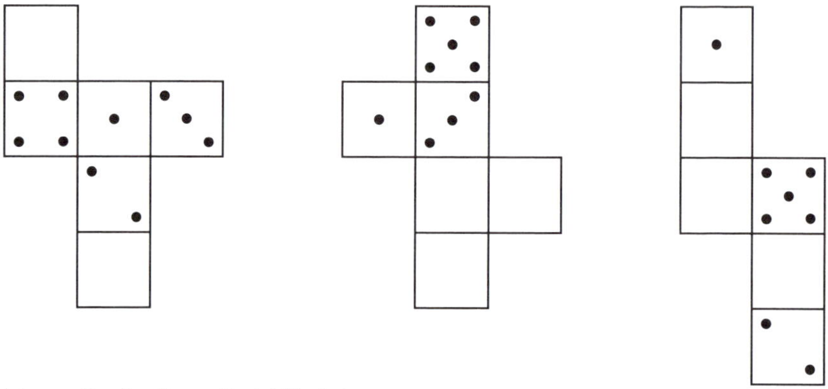

2 Vervollständige die Würfelnetze.

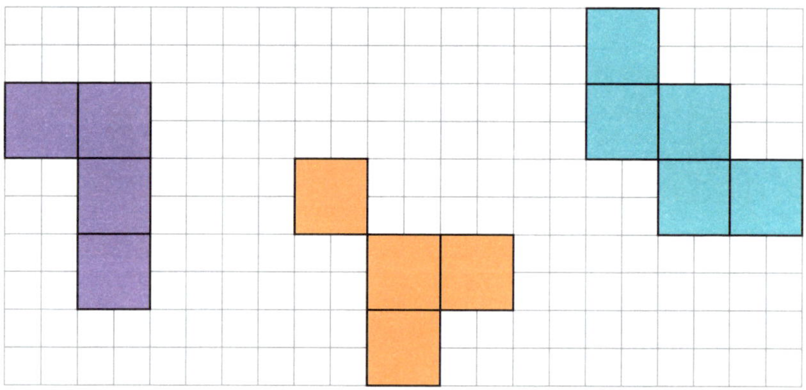

3 Male die gegenüberliegenden Flächen des Quaders mit der gleichen Farbe aus.

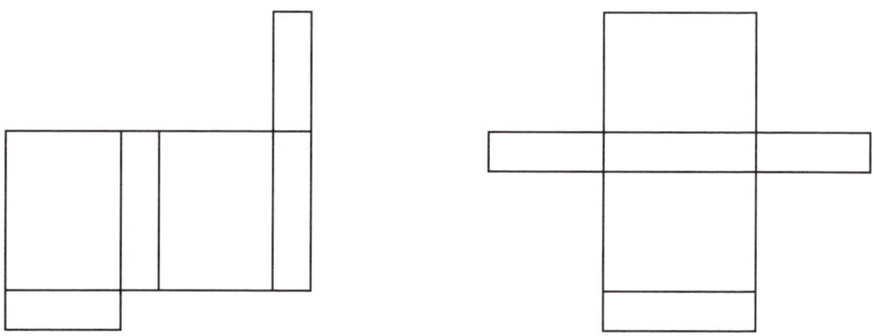

1: Würfelaugen ergänzen 2: Würfelnetze vervollständigen
3: Gegenüberliegende Seiten des Quaders mit gleicher Farbe färben

1 Zeichne den Würfel und den Quader fertig.

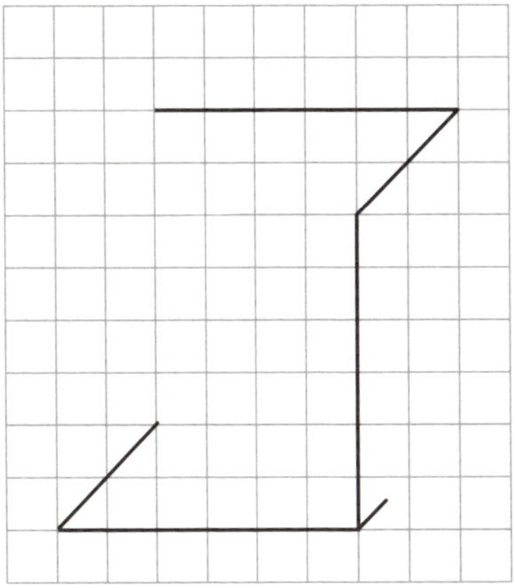

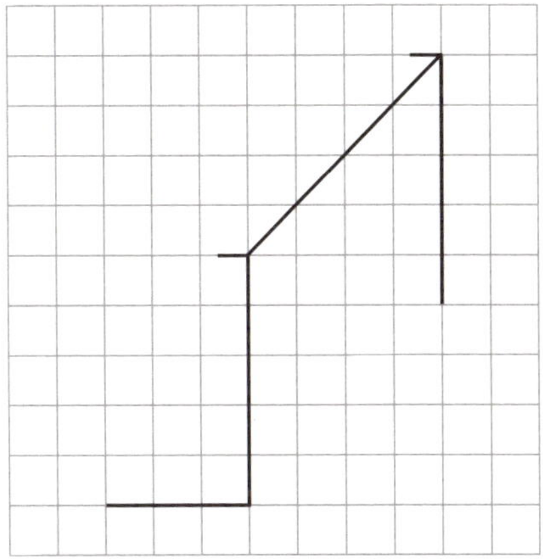

2 Verbinde jeden Würfelbau mit seinem Bauplan.

3	2	1
3	2	1
2		

3	2	1
2	2	1
1	1	1

3	2	2
3	1	1
1		

3 Schreibe den Bauplan zu jedem Würfelbau.

1: Würfel- und Quader vervollständigen 2: Baupläne zuordnen 3: Baupläne schreiben

Addieren, Subtrahieren, Multiplizieren, Dividieren

① Rechne im Kopf.

+	203	903	403
97			

−	215	115	300
415			

②

```
  658m      216kg      725km
− 274m    + 568kg    − 356km
______    _______    _______

======    =======    =======
```

3 Rechne und kontrolliere mit der Umkehraufgabe.

```
a)  673              b)  347
  − 295     + 295      + 588
  _____     _____      _____     _____

  =====     =====      =====     =====
```

4 Löse die Aufgaben schriftlich.

Addiere zum Zweifachen von 157 das Dreifache von 226.	Subtrahiere vom Vierfachen von 67 das Fünffache von 29.

1: Kopfrechnen 2: Schriftliches Addieren/Subtrahieren mit Größen 3: Addieren/Subtrahieren; Kontrolle mit der Umkehroperation 4: Vielfache ermitteln und dann schriftlich addieren und subtrahieren

① Bilde Additionsaufgaben mit dem Ergebnis 999.

+	+	+	+
999	999	999	999

△2 Finde den passenden Subtrahenden.

1000	555	925	845
−	−	−	−
467	273	512	390

3 800 —:8→ ☐☐☐ —·4→ ☐☐☐ —:5→ ☐☐ —·7→ ☐☐☐

370 —+170→ ☐☐☐ —:60→ ☐ —·100→ ☐☐☐ —−801→ ☐☐

4

360		
125		265

125			
70		30	90

1000			
	250	145	
	145		40

975		
	436	
	214	

1: Verschiedene Additionsaufgaben finden 2: Subtrahenden ergänzen
3: Rechenketten lösen 4: Rechenmauern lösen

(1) Tom möchte sich ein Fahrrad für 476 € kaufen.
Er hat dafür schon 188 € gespart.

Frage: ____________________

Aufgabe:

Antwort: ____________________

(2) Aufgepasst! Bei einer Aufgabe bleibt ein Rest.

139 : 5

427 : 7

(3) 397 · 2 217 · 4 197 · 3 175 · 3

[4] Max ist mit seiner Mutter 3 Stunden auf der Autobahn unterwegs. Im Durchschnitt fahren sie 114 km in einer Stunde.

Frage: ____________________

Aufgabe:

Antwort: ____________________

1 und 4: Inhalt erfassen, Frage finden, Aufgabe bilden und lösen, im Satz antworten
2: Halbschriftliches Dividieren 3: Schriftliches Multiplizieren